| Wissenschaftsgeschichte | Einblicke in die Wissenschaft |

Ditmar Schneider

Otto von Guericke

Ein Leben für die Alte Stadt Magdeburg

In der populärwissenschaftlichen Sammlung

Einblicke in die Wissenschaft

mit den Schwerpunkten Mathematik – Naturwissenschaften – Technik werden in allgemeinverständlicher Form

- elementare Fragestellungen zu interessanten Problemen aufgegriffen,
- Themen aus der aktuellen Forschung behandelt,
- historische Zusammenhänge aufgehellt,
- Leben und Werk bedeutender Forscher und Erfinder vorgestellt.

Diese Reihe ermöglicht interessierten Laien einen einfachen Einstieg, bietet aber auch Fachleuten anregende, unterhaltsame und zugleich fundierte Einblicke in die Wissenschaft.

Jeder Band ist in sich abgeschlossen und leicht lesbar.

Ditmar Schneider

Otto von Guericke

Ein Leben für die Alte Stadt Magdeburg

Unter Verwendung zeitgenössischer Dokumente und Bilder

2., durchgesehene Auflage

 B. G. Teubner Stuttgart · Leipzig 1997

Dr.-Ing. Ditmar Schneider, VDI
Guericke-Archiv
Otto-von-Guericke-Gesellschaft e. V.
Virchowstraße 24
D-39104 Magdeburg

Gedruckt auf chlorfrei gebleichtem Papier.

Die Deutsche Bibliothek – CIP-Einheitsaufnahme

Schneider, Ditmar:
Otto von Guericke : ein Leben für die alte Stadt Magdeburg ;
unter Verwendung zeitgenössischer Dokumente und Bilder / Ditmar Schneider. –
2., durchges. Aufl. – Stuttgart ; Leipzig : Teubner, 1997
   (Einblicke in die Wissenschaft : Wissenschaftsgeschichte)
   ISBN 978-3-8154-2515-2   ISBN 978-3-322-95385-8 (eBook)
   DOI 10.1007/978-3-322-95385-8

Umschlaggestaltung: E. Kretschmer, Leipzig

Geleitwort

Otto von Guericke, größter Sohn unserer Stadt Magdeburg, ist mit ihrer Geschichte auf das engste verbunden. Als Sohn einer über 300 Jahre hier ansässigen Patrizierfamilie war er Bauherr, Schutzherr, Ingenieur, Kämmerer, Bürgermeister, Diplomat, Scholarch und Apothekenherr in seiner *Alten Stadt Magdeburg*. Er vertrat sie an den Brennpunkten europäischer Geschichte in und nach dem 30jährigen Krieg.

Über 50 Jahre seines langen Lebens widmete er sich als Ratsherr der Stadt und ihrem Wiederaufbau nach der Belagerung, Eroberung und Zerstörung 1631, die einen ungeheuren Bruch in der Stadtgeschichte nach sich zogen. Diese entbehrungsreichen Jahre überwand Otto Gericke, wie er bis zu seiner Nobilitation 1666 hieß, mit Hartnäckigkeit, Erfindungsreichtum und diplomatischem wie persönlichem Geschick.

Weltbekannt wurden seine Leistungen, die zwar wesentlich durch sein Studium in Leiden geprägt waren, aber erst im Alter zur Ausführung kamen, als Naturphilosoph, als Begründer der Experimentalphysik in Deutschland, als Vater der Vakuumtechnik und der Elektrostatik.

Heute sind die Magdeburger Halbkugeln, die Magdeburger Schwefelkugel, das Magdeburger Wettermännchen oder das Magdeburger Thermometer zwar keine Wunder mehr wie in seiner Zeit, so aber doch Attraktionen, die viele Menschen anziehen und in Erstaunen versetzen. Auch hier ist sein Name unlösbar mit dem seiner Heimatstadt verbunden.

Dieser biographische Abriß macht einen wesentlichen Teil seines Lebens und seiner Leistungen aus historischen Dokumenten erlebbar. Er ist der Beginn der Phase einer intensiven Vorbereitung aller Freunde und Förderer des Werkes Otto von Guerickes auf seinen 400. Geburtstag im Jahre 2002, den die Stadt Magdeburg, das Land Sachsen-Anhalt und die Freunde Guerickes in aller Welt würdig begehen werden.

Otto von Guerickes engagiertes Leben für seine Vaterstadt sei uns Mahnung und Verpflichtung, sein uns überkommenes naturphilosophisches Werk Anregung und Wegweiser zu vorwärtsstrebenden und erhabenen Taten für eine *Neue Stadt Magdeburg*.

Dr. Willi Polte
Oberbürgermeister
Landeshauptstadt
Magdeburg

Prof. Dr. Siegfried Kattanek
Vorstand
Otto-von-Guericke-Gesellschaft e.V.
Magdeburg

Libertas, leges et pax sunt optima dona.
(Freiheit, Gesetzlichkeit und Frieden sind die besten Gaben.)

Leitspruch Otto von Guerickes (1648)

Widmung

Dieses Büchlein ist allen
Freunden und Förderern des Werkes Otto von Guerickes,
insbesondere folgenden 70jährigen Jubilaren, zugeeignet:

meinen verehrten Eltern Irene und Wilhelm Schneider,
unserem langjährigen Guericke-Darsteller Klaus Glowalla und
unserem unverwüstlichen Pferdekenner Hubert Staroske.

**Es bedarf dieses ganzen Lebens,
um jenes vollendete aufzuarbeiten.**

Dr. Ditmar Schneider

Vorwort

Dies ist mein zweiter Versuch einer Näherung an die Person Otto von Guericke. Der erste, eine 1992 freundlicherweise von der Arbeitsgemeinschaft industrieller Forschungsvereinigungen „Otto von Guericke" e.V. in Köln herausgegebene [1], aber nicht im Buchhandel erhältliche biographische Skizze fand positive Resonanz, so daß dieser erweiterte biographische Überblick entstanden ist.

Ziel des vorliegenden Buches ist es, einige Legenden durch hautnahes Dranbleiben an den uns überlieferten Dokumenten und Bildern jener Zeit ins rechte Licht zu rücken. An großen Vorbildern wie Dies [2], Hoffmann [3], Schimank [4], Kauffeldt [5] und Krafft [6] fehlt es nicht. Dabei bleibt es nicht aus, sich auf diese Vorgänger zu stützen. Aber neue Forschungsergebnisse und Dokumentenfunde sowie die Forderungen unserer Zeit machen eine Fortführung notwendig.

Bevor Wertungen möglich werden, sollen zeitgenössische Quellen sprechen, Augenzeugen befragt, familiäre Zusammenhänge und Beziehungen zu anderen wichtigen Personen aufgehellt, aber auch finanzielle Grundlagen unserer Hauptperson erklärt werden. Dies aus heutiger Zeit und mit heutigem Wissen nachzuvollziehen, bedeutet immer, sich in die Gefahr zu begeben, Fakten und Lebenssituationen vorschnell zu deuten, die damals andere Bedeutungen und Wirkungen hatten. Daher werden die herangezogenen Quellen behutsam bewertet, falls sie nicht für sich selber sprechen. Der geneigte Leser, der Irrtümer sowie Fehler in Inhalt oder Form entdeckt, sei ermuntert, sie an den Autor weiterzureichen.

Mein Dank gilt allen Mitgliedern der Otto-von-Guericke-Gesellschaft e.V., die mir Mut zugesprochen haben und bei der Ausführung dieser biographischen Schrift behilflich waren. Besonders erwähnen möchte ich neben dem Vorstand den unermüdlichen Walter Strüby [7] und Annemarie Burchardt mit ihrem genealogischen Wissen über Guerickes Familienverbindungen sowie Dr. Erich Moewes [8] mit seinen Kenntnissen über naturwissenschaftliche Details des Guerickeschen Werkes. Dank auch an unsere Angestellten Christel Döschner und Hannelore Winkler für das Korrekturlesen, an Karin Schaupp für das Erstellen des Registers, besonders aber an Dorothea Michaelis für den Satz und die Bearbeitung der vielen Bilder. Mein Dank gilt auch der entgegenkommenden Haltung des Verlages bei diesem Projekt.

Magdeburg, im Februar 1995   Ditmar Schneider

Inhalt

1 Die protestantische Alte Stadt Magdeburg

... Wyr haben aber angesehen, wes unthertheniges guthen willens sich der Rath unsrer alten Stadt Magdeburg gegen uns und gedachtem unserm Capittell bet zeigtt, und tegelich in ubung stehen, dormit nun demselbtigen mutwilligen vornehmen stadlicher widderstandt geschee und füglichr zcum gehorsam gebracht, haben wyr disse vorbüntnus, hiertzu forderlich zcu sein, vor gut angesehen ... [9, S. 33]. Diese Einschätzung seiner Stadt Magdeburg gab am 27. August 1522 Albrecht IV., Markgraf von Brandenburg, ebenfalls Erzbischof zu Magdeburg und Halberstadt (1513 bis 1545), sowie Fürstbischof von Mainz (1514 bis 1545), wo er sich überwiegend aufhielt, und Kardinal (1518 bis 1545).

Was war geschehen, daß ein Bündnis gegen den städtischen Widerstand notwendig wurde? Reichsweit bekannt waren die schon Jahrhunderte dauernden Auseinandersetzungen zwischen dem Erzbischof, der die Stadt wie eine seiner Landstädte behandeln wollte, und den Bürgern der Alten Stadt Magdeburg. Diese sahen sich als reichsunmittelbar, also dem Kaiser direkt unterstellt, mit entsprechend ausgestatteten Privilegien, die sie in harten Auseinandersetzungen auch immer wieder von den jeweiligen Kaisern bestätigt bekamen. Dieser alltägliche Kampf hatte sich nun zu einer neuen Qualität gesteigert. Durch ihre örtliche Nähe zum Zentrum der Reformation Wittenberg gelangte die nächste, größere Stadt unter den Einfluß Martin Luthers.

Da die Mehrzahl der Bürger sah, wie der katholische Klerus seinen Besitz in der Stadt vergrößerte, dabei noch kaufmännische Geschäfte übernahm, aber dieselbe Immunität (Abgabenfreiheit) wie auf seinem Territorium des Domkapitels (Neumarkt, heute Domplatz) durchsetzen wollte, gingen zunehmend Beschwerden beim Rat ein. Die Bürgermeister hatten alle Mühe, diese an den sicheren Sitz des Erzbischofs in Halle weiterzugeben. Da entsprechende Reaktionen des Erzbischofs nicht folgten, griffen die Bürger zur Selbsthilfe. Es kam zu Ausschreitungen und Exzessen gegen den katholischen Klerus auf dem Gebiet der Stadt.

In dem neuen Glauben suchte die Bürgerschaft ihre Freiheiten, so auch die Religionsfreiheit, aber auch ihre politischen Fesseln abzustreifen. Die bisherigen Auseinandersetzungen zwischen dem Domkapitel und der Stadt bekamen zusätzlich eine religiöse Dimension neben der vorhandenen politischen, worauf sie *einen stürmischen, ja revolutionären Charakter annahmen* [9, S. 23]. Die ersten Verkündiger der neuen Lehre in Magdeburg waren die Augustinermönche, die Doktoren der Theologie Johann Vogt (Islebius), Melchior Miritz,

Markus Schulte, Johann Detenhagen sowie Johann Fritzhans. Vogt wurde 1524
von der Johannisgemeinde zum ersten evangelischen Prediger berufen. Die
Besucherschar dieser Predigten wuchs auf eine unerhörte Zahl, so daß sie häufig im Freien stattfinden mußten. Die Bürgerschaft und deren Gemeinden

Martin Luther als Mönch, 1520 [19]

schlossen sich schnell und radikal der Reformation an. Der katholische Flügel des eher noch konservativen Rats (Ratmannen Rode, Robin, Moritz u. a.) wurde nach und nach durch seine Bürger zurückgedrängt und somit gezwungen, dem Rechnung zu tragen und die notwendigen administrativen Anordnungen zu treffen. Unter Führung der lutherischen Fraktion im Rat (Ratmannen Storm, Alemann u. a.) wurden ab 17. Mai 1523 Verhandlungen beim Domkapitel und Erzbischof Albrecht geführt, die aufgrund der komplizierten äußeren Bedingungen (Bauernkriege) am 15. August 1525 zu einem Ausgleich mit der Zusicherung der Freiheiten der Alten Stadt Magdeburg führten. Erfolgreiche Verhandlungsführer seitens der Stadt waren die Bürgermeister Thomas Sulze und Claus Storm sowie der erste Kämmerer Jacob Gericke (ein Urgroßvater Otto Gerickes).

Diese vermeintliche Stärke der Stadt lockte jene Mönche und Prediger an, die von der katholischen Geistlichkeit verfolgt wurden. Magdeburg entwickelte sich zu einer wichtigen Quelle und einem wichtigen Durchgangsort für Prediger des neuen Glaubens. Das brachte nicht wenige Probleme in die Stadt. Hier wurde die Auseinandersetzung um den richtigen Glauben verstärkt geführt, denn immerhin gab es noch eine Reihe sehr aktiver katholischer Kirchen und Klöster.

So schlug am 22. Mai 1524 die lutherische Partei zehn Artikel in allen Kirchen an, die den neuen kirchlichen Ritus, die Abschaffung der Klöster, die Verwaltung der Kirchengemeinden und deren Kassen durch gewählte Vorstände, die Besoldung der Prediger und Schulmeister durch die Gemeinde und die Rechenschaftspflicht des Gemeindevorstehers proklamierten. Nachdem die Innungen diesen Artikeln beitraten, wurden sie am 25. Mai 1524 dem Magistrat zum Beschluß vorgelegt und genehmigt. Der Rat forderte aber, die Folgen erahnend, daß Luther die Artikel prüfen und ihnen gegebenenfalls zustimmen sollte, was dieser mit seiner Predigt am 26. Juni in der Ratskirche, der Johanniskirche, tat.

Am 15. Juli drängte die evangelische Johannisgemeinde ihren katholische Prediger, *alle papistischen Gebräuche abzuschaffen und den evangelischen Gottesdienst einzuführen.* So wurde am 17. Juli 1524 die Reformation in der Alten Stadt Magdeburg eingeführt. Auf Empfehlung Luthers ernannte der Rat im September Nicolaus von Amsdorf zum Magdeburger Superintendenten. Dieser weihte nach und nach sechs Pfarrkirchen. Damit entstand eine Majorität der Evangelischen in der Stadt. Der neue Bürgereid lautete nunmehr: ... *Ich lobe und schwere dem Rath trew, hold und gehorsam zu sein, des Raths und der Stadt Beste zu wissen, ihren schaden nach vermügen zu warnen und zu* *bewahren. Da auch dem Rath oder der Stadt **durch abschaffung der Messen und des angenommenen Evangelij halben**, Wie das jetzt lauter und rein gepredigt wird, noth entstünde, mit allem vermügen Leibes und guts, weil ich ein Bürger bin, mich gehorsamlich und trewlich will finden lassen, **als mir Gott helfe und das heilige Evangelium**...* [9, S. 67]. Gleichzeitig folgte eine Schulreform. Schon 1524 wurde die erste evangelische Schule Magdeburgs in der Stephanuskapelle auf dem Johanniskirchhof eingerichtet. Solche Lehrer wie Gregor Willich, Caspar Cruciger, Georg Major machten die später ins Augustinerkloster verlegte Schule mit 600 Schülern zur *Blüte und Krone aller Schulen*. Ab 1529 ins größere Franziskanerkloster gelegt, wirkten Lehrer wie Abdias Prätorius, Nicolaus Gallus, Matthäus Judex und Georg Rollenhagen. Sie brachten die Städtische Schule auf den Höhepunkt ihres Ruhmes.

Gegen diese zukunftsbewußten Offensiven mußten der Erzbischof Albrecht und das Domkapitel vorgehen. Aus der oben genannten Einschätzung der Lage wiesen die kurfürstlichen Räte schon am 28. Juli 1524 auf den *Ungehorsam der Magdeburger hin und forderten die Acht.* Aus dieser Zuspitzung leitete der Rat eine erhöhte militärische Bereitschaft der Stadt ab. Am 11. August wurden daher eine allgemeine Musterung angeordnet, 400 Handröhren gegen Bezahlung verteilt, die Führer gewählt und alle auf den neuen Bürgereid eingeschworen.

Etwa zur gleichen Zeit gelang es Erzbischof Albrecht auf dem Reichstag zu Regensburg, eine Partei wider die Reformation zu bilden. Ihr gehörten Erzherzog Ferdinand, die Herzöge von Bayern und einige Bischöfe an, die zusammen verhinderten, daß *die Kirchenverbesserung ein Werk des Reiches wurde* [9, S. 72]. Unter diesem Druck hob Kurfürst Joachim II. von Brandenburg seinen Schutz für die Magdeburger auf, ...*weil sie, den päpstlichen und kaiserlichen Edicten und Mandaten entgegen, sich aller Ordnung und Gebrauch der heiligen christlichen Kirche abgethan und den unchristlichen, ketzerischen Vorgeben Martini Luther's anhängig gemacht ...* [9, S. 73]. Die Front gegen unser Magdeburg sammelte sich, wurde massiver und bedrohlicher.

Das Reichskammergericht zitierte die Alte Stadt Magdeburg nach Eßlingen, um die Anschuldigungen, die ja auf Reichsabschiede und Gesetze, also auf geltendes Recht gegründet waren, zu prüfen. Unter den Delegierten der Stadt, die die Verteidigung führten, befand sich ein Doktor der Rechte, Stephan Gericke (ein Urgroßonkel Otto Gerickes). Nicht ohne Stolz und Trotz trugen die Magdeburger Delegierten folgendes vor: ... *Ohne tätiges Mitwirken des Magistrates habe die Reformation in der Stadt ihren Anfang genommen, sich daselbst immer mehr ausgebreitet. Das Volk habe das Predigen des reinen göttlichen Wortes und die Abstellung verschiedener kirchlichen Mißbräuche dringend verlangt und dabei erklärt, wenn man ihm hierin nachgebe, dann wolle es in allem Uebrigen dem Kaiser, dem Erzbischofe und Rathe unweigerlich Gehorsam leisten; im Gegenfalle möge letzterer die etwa daraus entspringenden übeln Folgen selbst verantworten ...* [9, S. 82].

Nachdem der Papst eine Bulle gegen den Abfall der Bürgerschaft vom alten Glauben erließ, sah sich auch der Kaiser gezwungen, am 30. September 1527 die Acht und Oberacht gegen die Alte Stadt Magdeburg zu schleudern. Sie wurde aufgrund der allgemein angespannten politischen Lage (Bauernkriege) von Erzbischof Albrecht nicht publiziert und blieb so wirkungslos.

Der Reichstag aber beschloß weitere Schritte gegen die evangelischen Stände, und diese *protestierten* am 19. April 1529 dagegen. Zu den *Protestanten* gehörten Kurfürst Johann Friedrich von Sachsen, Landgraf Philipp von Hessen, die Herzöge Ernst und Franz von Braunschweig-Lüneburg, Markgraf Georg von Brandenburg, Fürst Wolfgang von Anhalt und 14 Reichsstädte (Straßburg, Nürnberg, Ulm, Costnitz, Lindau, Memmingen, Kempten, Nördlingen, Heilbronn, Reuthlingen, Isny, St. Gallen, Weißenburg und Windsheim). Magdeburg, eifrigste und mächtige lutherische Stadt, konnte nicht protestieren, da sie erst gar keine Einladung zum Reichstag erhalten hatte. Ein Verteidigungsbündnis wurde dringend erforderlich, das zum 27. Februar 1531 in Schmalkalden auf sechs Jahre geschlossen wurde. Von den neun Stimmen hatten fünf die Fürsten und vier die Reichsstädte, wobei Magdeburg und Bremen zusammen eine Stimme besaßen. Im September 1536 wurde dieser Bund auf weitere zehn Jahre verlängert und eine neue Bundesordnung verabschiedet. Für Magdeburg unterzeichnete nunmehr Bürgermeister Jacob Gericke (ein Urgroßvater Otto Gerickes). Die Folge dieses festen und einheitlichen Bündnisses war, daß im August 1532 auf dem Reichstag zu Nürnberg die protestantischen Stände erstmals öffentlich anerkannt werden mußten [9, S. 145].

Die militärische und politische Stärke des Schmalkaldischen Bundes zwang ebenfalls Erzbischof Albrecht 1533 und 1536 zu einvernehmlichen Vergleichen mit unserer Stadt. Nach dem Tod Erzbischofs Albrecht IV. unterzeichnete am 19. Oktober 1545 Markgraf Johann Albrecht von Brandenburg (regierte bis 1551), ein eifriger Katholik, die Wahlkapitulation des Magdeburger Domstiftes. Die Alte Stadt Magdeburg verweigerte natürlich die Huldigung eines Katholiken und damit die Anerkennung des neuen Erzbischofs. Der Rat, auf äußere Gewalt gefaßt, erhöhte die Verteidigungskraft drastisch. So wurde auch das Domkapitel aufgefordert, einen finanziellen Beitrag zum Ausbau der Stadtbefestigung zu leisten. Da dies nicht erfolgte, wurden Güter der Domherren und der Klöster beschlagnahmt und dem genannten Zweck zugeführt. Der Erzbischof beschwerte sich beim Kaiser, aber die Stadt war mit dem Schmalkaldischen Bund im Rücken die Stärkere.

Gerade aber dieser Rückenhalt wurde später geschwächt. Herzog Moritz von Sachsen eroberte mit einem kaiserlichen Heer Sachsen. Der Kurfürst Johann Friedrich wurde gefangengenommen und zum Tode verurteilt. Ein Urteil, das der Kaiser aber nie vollstrecken konnte. Herzog Moritz erhielt 1546 die sächsische Kurwürde. Seine Aufgabe war es, den Schmalkaldischen Bund zu vernichten. Dies gelang ihm nur unter großen Schwierigkeiten. 1547 erzwang er aber nach der Schlacht bei Drakenburg die Kapitulation des Bundes. Nach und nach unterwarfen sich die Bundesglieder, nur Constanz, Bremen und unser Magdeburg taten es nicht.

Moritz forderte die Alte Stadt Magdeburg auf, sich zu ergeben, aber die Ratmannen und Innungsmeister schrieben: ... *Wir aber seind nicht in abrede, das wir mit dem loblichen Chur und Fürsten unsern gnedigsten und gnedigen Herrn, Sachssen und Hessen, & auch andern Fürsten, Stenden, und Stedten, der Christlichen Verein, uns in eine Christliche Vorstendnus eingelassen und vorschrieben, dabey wir mit Gottes hülffe gedencken zu bleiben, Und unser Brieff und Siegil zu halten, und zweiffeln gar nicht, unser Gott werde uns auch darbey, zu seinem Lob genediglich schützen, und handhaben.* ... [9, S. 221]. Statt der zu erwartenden Unterwerfung gingen von der Stadt sehr erfolgreiche Ausfälle in die Umgebung aus. Sie blieb den militärischen Gegnern nichts schuldig. Mehrfache Aufforderungen des Kaisers zur Übergabe wurden mit der Unánnehmbarkeit der Kapitulationsbedingungen beantwortet. So mußte Kaiser Karl V. (regierte 1519 bis 1556) am 27. Juli 1547 die *Reichsacht* gegen die Alte Stadt Magdeburg aussprechen. Er versuchte aber innerhalb des Reiches einen eigenen Religionsvergleich, da er mit dem Papst gebrochen hatte. So ließ er 1548 in Augsburg eine Glaubensformel verlesen und gedruckt vorlegen, die die Stände vereinen sollte. Statt dessen aber entzweite sie diese mehr als zuvor. Zum Widerstand in den eigenen Reihen gehörte auch Kurfürst Moritz von Sachsen, zumal in Nürnberg, Augsburg, Ulm, in Schwaben und am Rhein die neue Glaubensformel mit brutaler Gewalt eingeführt wurde.

Erzbischof Johann Albrecht versuchte auf mehreren Landtagen im Erzbistum Magdeburg unter starkem Drängen des Kaisers, einen positiven Beschluß zu dieser Glaubensformel herbeizuführen. Dies scheiterte gründlich. Eine Synode Anfang 1549 in Eisleben sollte die Entscheidung bringen. Nachdem die Schrift Wort für Wort durchgegangen wurde, kam man zu dem Beschluß: *Keine Zustimmung.* Dieser Protest gegen den Kaiser gelangte an die Öffentlichkeit. Das Erzbistum Magdeburg und besonders die Alte Stadt Magdeburg wurden wiederum zum Herd der Opposition. Übermütige Angriffe von den Kanzeln, Karikaturen, Spottreime und Flugschriften gegen die Glaubensformel gingen von hier aus ins ganze Reich. Im protestantischen Magdeburg konnte gedruckt werden, was sonst nirgends möglich war. Solche Männer wie Nicolaus von Amsdorf, Nicolaus Gallus, Erasmus Alberus, Matthias Flacius (Illyricus) bildeten mit ihrem Auftreten und ihren Arbeiten dafür die Grundlage. Die Evangelischen nannten ihre Alte Stadt Magdeburg liebevoll *Unsers Herren Gottes Kanzlei.*

Gezwungenermaßen folgten Verhandlungen mit dem kaiserlichen Kommissar Lazarus Schwendi, den ständischen Deputierten des Landtages und den Abgesandten des Erzbischofs. Die Verhandlungen für die Stadt führten die Bürgermeister Heine und Hans Alemann (ein Urgroßvater Otto Gerickes), Thomas Keller sowie der Stadtsyndikus Dr. Levin von Emden und Ludwig Alemann. Sie übergaben bei den Verhandlungen ein gedrucktes Glaubensbekenntnis, das alle Diskussionen auf diesen Kern brachte: ... *Und wollen neben allen andern lieben Christen zu unserm lieben Gott schreyen, rufen und bitten, daß er uns durch seinen H. Geist, bei der reinen Lehre, der göttlichen erkandten Wahrheit, und dem klaren hellen Liecht seines H. Evangelij bestendiglich wollen erhalten ...* [9, S. 240].

1550 spitzte sich die Situation um die Stadt zu. Nach mehrmaligen Ausfällen mit unterschiedlichem Erfolg erhielt die Stadt am 22. September 1550, genauso wie Bremen, die Aufforderung, Gesandte nach Augsburg zu schicken, um die Bedingungen für die Gnade Kaiser Karls V. zu unterzeichnen: *1. Sich zu Gnade und Ungnade zu ergeben; 2. den Fußfall vor dem Kaiser zu tätigen; 3. allen Bündnissen gegen den Kaiser zu entsagen; 4. den Reichsgerichten zu gehorchen und die entsprechenden Beiträge zu zahlen; 5. den Reichsabschied von Augsburg (Glaubensformel) anzunehmen; 6. dem Domkapitel und deren Geistlichen ihr Recht zu gewähren; 7. keine Klage über die Schäden der Acht zu führen; 8. die Prozesse gegen die Kaiserlichen zu kassieren und entstandene Verluste zu ersetzen; 9. die Festungswerke zu schleifen; 10. 200 000 Gulden Abtrag zu zahlen; 11. 24 Stück Geschütze und entsprechende Munition an den Kaiser zu liefern.* Diese Bedingungen konnte und wollte die Stadt nicht annehmen.

So begann am 2. Oktober 1550 die engere Belagerung der Stadt unter Führung der Kurfürsten Moritz von Sachsen und Joachim II. von Brandenburg mit ca. 7000 Soldaten. Die Stadt bot eine Besatzung von 3000 Mann zu Fuß und 300 zu Pferde sowie die waffenfähigen Bürger unter den Befehlshabern Ebeling

von Alemann, Graf Albrecht von Mansfeld und Sohn Karl, Graf Christoph
von Oldenburg, Freiherr Hans von Heydeck und Caspar von Pflugk auf. In den
Mauern der Alten Stadt Magdeburg befanden sich ungefähr 40 000 Köpfe.
Nach den ersten erfolglosen Gefechten bot die kaiserliche Seite schon am 12.
Oktober 1550 einen Waffenstillstand mit milderen Bedingungen an. Der Rat
mit Bürgermeister Jacob Gericke (ein Großonkel Otto Gerickes) lehnte ab, so
daß am 20. Oktober die Belagerung erneut verschärft wurde. Weitere Scharmützel vor den Mauern der Stadt folgten, wobei sowohl die Kaiserlichen als
auch die Magdeburger schwere Niederlagen hinnehmen mußten. Am 2. Dezember erneuerten, während eines feierlichen Aktes auf dem Alten Markt, die
Söldner und Bürger den gemeinsame Schwur gegen die Feinde. Am 19. und
20. Dezember 1550 machten sie den größten und erfolgreichsten Ausfall. Die
Magdeburger erbeuteten 263 Pferde, die Hauptfahne des Erzstiftes und nahmen Herzog Georg von Mecklenburg gefangen.
Die erfolglose Belagerung führte am 6. Mai 1551 zu einer Zusammenkunft
von Kurfürst Moritz (mit den Räten Christoph von Carlowitz und Dr. Mord-
eisen sowie einem Geheimschreiber) und Bürgermeister Jacob Gericke (mit

Belagerung Magdeburgs 1550/1551 durch den Kurfürsten Moritz von Sachsen [11]

Stadtsyndikus Dr. Levin von Emden, Bauherr Arnold Hoppe und Stadtsekretär Merckel). Die kurfürstliche Seite, die aufgrund interner Verhandlungen des evangelischen Sachsens mit Brandenburg eine Vernichtung der Stadt ausschließen sollte, wiederholte das Angebot des Kaisers und sicherte ausdrücklich die Religionsfreiheit zu. Die Delegierten der Stadt beklagten die Härte der Artikel und deren Unannehmbarkeit, wollten aber darüber Verhandlungen führen. Am 30. August ließ Kurfürst Moritz einen Waffenstillstand publizieren und erhielt am 1. Oktober die kaiserliche Ermächtigung, die lange und erfolglose Belagerung zu beenden.

Die nun folgenden Verhandlungen endeten am 5. Oktober 1551 mit einem von beiden Seiten unterzeichneten Vergleich, der folgende Punkte enthielt: *1. mit Annahme der Kapitulation solle alle Ungnade fallen; 2. der geforderte Fußfall wurde später von Kaiser Ferdinand I. erlassen; 3., 4., 6. und 7. wurden wie vorgeschlagen angenommen; 5. die Vollziehung der Reichsabschiede wurde durch Kurfürst Moritz auf weltliche Fragen begrenzt, womit die Religionsfreiheit gewährt wurde; 8. die Stadt solle bei allen ihren Privilegien bleiben; für alle galt eine vollständige Amnestie; 9. Kaiser Karl V. bestand auf dem Schleifen der Festung, was aber nicht erfolgte; 10. die Strafsumme wurde von 200 000 auf 50 000 später auf 40 000 Gulden ermäßigt; 11. die 24 Stück Geschütze wurden auf 12 später auf eine erträgliche Geldsumme verringert; 12. zusätzlich wurde festgelegt, daß die Gefangenen ohne Lösegeld freigegeben werden sollten.* Die Stadt geriet unter eine Dreierherrschaft, das *Tripartit*, der Kurfürsten von Sachsen und Brandenburg und des Erzbischofs. Die Acht sollte aber erst aufgehoben werden, wenn sich Stadt und Domkapitel vertraglich vergleichen.

Am 7. November 1551 entband Befehlshaber Ebeling Alemann die städtische Garnison von ihrem Eid, und am 9. November huldigte die Bürgerschaft den Kurfürsten Moritz von Sachsen als Burggraf und Schirmherr des Erzstiftes. Somit war die 13 Monate dauernde Belagerung glücklich beendet. Auf sie war das Augenmerk des ganzen zivilisierten Europas gerichtet. Der Mut unserer Stadt wurde von Freund und Feind gewürdigt. Dichter und Historiker priesen sie, wie David Chyträus in seiner *Chronicon Saxoniae: ... Also endete der magdeburgische Krieg, in welchem sich die Stadt durch ihre Tapferkeit und Standhaftigkeit unsterbliches Lob und hohen Ruhm bei fremden Nationen erwarb, weil sie allein in Deutschland gegen die Waffen des mächtigsten, auf so viele Siege stolzen Kaisers Karl und des ganzen Reiches ihre Religion und Freiheit kräftig mit den Waffen zu vertheidigen, eine mehr als einjährige Belagerung kühnen und unerschrockenen Muthes auszuhalten und zu bestehen wag-*

te, und endlich, da Gott der unbesiegten guten Sache sich annahm, unter billigen Bedingungen einen ihre Religion und alte Freiheit sichernden Frieden erhielt ... Auch fing das Glück des Kaisers, welches seinen Unternehmungen bis dahin fast immer günstig, vor Magdeburgs Mauern zuerst an zu wanken; ein Jahr darauf aber, bei der Belagerung von Metz, kehrte es ihm völlig den Rücken ... [9, S. 311]. Mögen wir uns den Stolz und auch den Übermut vorstellen, mit dem viele Magdeburger die am 19. Oktober 1552 folgende schwere Niederlage Kaiser Karl V. vor Metz in einen Spruch formten: **Die Metze (Metz) und die Magd (Magdeburg) haben dem Kaiser den Tanz versagt.**
Aus diesem Kampf ging aber unsere Stadt ökonomisch stark geschwächt hervor, was andere Städte, wie Hamburg und Leipzig, in vorteilhaftere Stellungen brachte. Als sehr langwierig und kompliziert erwies sich die für die Achtlösung erforderliche Einigung mit dem Domkapitel. Nach zehn Jahren, am 26. März 1562, wurde dieser Vergleich mit Erzbischof Sigmund, Markgraf von Brandenburg (regierte 1552 bis 1566), geschlossen. So konnte nun auch der neue Kaiser Ferdinand I. (regierte 1558 bis 1564) den Achtspruch am 12. Juli 1562 in Prag lösen und die Lossprechungsurkunde dem Bürgermeister Georg Gericke (ein Großonkel Otto Gerickes), dem Stadtsyndikus Franz Pfeil und dem Sekretär Heinrich Merckel auf entsprechendes Ersuchen aushändigen. Damit war zwar die äußere Ruhe für die Stadt hergestellt, die innere aber kehrte nicht ein.
Die Alte Stadt Magdeburg war Zentrum der heftigsten Eiferer für den Neuen Glauben in Deutschland. Hoffmann schreibt nach Sichtung der Quellen: ... *Für die schöne Tugend ächtchristlicher Liebe und Duldung konnten Sie, da selbige ihrem eigenen Herzen fremd, das Herz ihrer Zuhörer nicht erwärmen; vielmehr erfüllten sie dieselben mit Haß und Abscheu gegen alle Andersgläubigen ...* [9, S. 340]. Der Rat konnte sich auch in Auseinandersetzung mit dem Erzbischof nur wehren, indem er die wildesten Eiferer von der Kanzel und dann aus der Stadt verwies. 14 Prediger, der Rektor, der Rat und zehn Lehrer des Gymnasiums sahen sich gezwungen, mehrfach in Druckschriften dazu Stellung zu beziehen.
Seit 1552 arbeiteten Magdeburger Prediger und Bürgermeister (auch Dr. Martin Köppe und Ebeling von Alemann) unter der Leitung von Matthias Flacius an einer Geschichte des christlichen Glaubens. Von den 13 Bänden der *Centuriae Magdeburgenses* ... wurden der erste bis fünfte in Magdeburg geschrieben. Jeder Band umfaßte ein Jahrhundert Kirchengeschichte. Erst mit der Gründung der Jenaer Universität 1558 verlagerte sich das Zentrum der Orthodoxie nach Jena. Somit lehrten und forschten dort auch die Autoren der *Centuriae* ...,

was die traditionell guten Beziehungen unserer Stadt zu dieser Universität begründete. Gedruckt wurde das epochemachende kirchengeschichtliche Werk in Basel von 1559 bis 1574.

Nach dem Tod von Erzbischof Sigmund 1566 wählte das Domkapitel den neuen *Administrator* des Erzstiftes, Joachim Friedrich (regierte bis 1598), Markgraf von Brandenburg. Er war der erste, der sich nicht Erzbischof nannte und so auch bezüglich seiner Amtsbezeichnung mit der katholischen Tradition brach. Er suchte einen schnellen Ausgleich mit der Stadt, was auch zu beiderseitigem Vorteil gelang. So verwundert es nicht, wenn Kaiser Maximilian II. am 5. Mai 1567 der durch die Acht so geschwächten Stadt alle Privilegien, Rechte und Freiheiten bestätigte. Dazu gehörten die 1431 durch Kaiser Sigismund, die 1309 durch Erzbischof Burghard (Kornverschiffung) und die 1562 durch Kaiser Ferdinand I. unterzeichneten Urkunden (Lossprechung von der Reichsacht). Die Magdeburger verfolgten 1570 jubelnd die Heirat ihres Administrators mit Prinzessin Catharina, Tochter des Markgrafen Johann von Brandenburg-Cüstrin. Ein großes Geschrei in der katholischen Welt setzte ein. Der Papst verlangte vom Kaiser die Absetzung des Administrators. Aber es kam noch schlimmer. Einige Domherren heirateten, traten zum Glauben Luthers über, und der Domsenior sprach sich vom Papst los. Im gleichen Jahr beschloß der Landtag in Halle, die *päpstliche Religion und Abgötterei aufzuheben* und dies durch Visitationen der Kirchen und Klöster zu überprüfen.

So verwunderte es nicht, daß die Alte Stadt Magdeburg ihrem Administrator Joachim Friedrich die Huldigung nicht verweigern konnte, die erste Huldigung seit 1514. Die üblichen Revers sowie Bestätigungen der Privilegien und Gerechtsame wurden zum 28. Juli 1579 ausgestellt. Am 26. Oktober, bei schönstem Herbstwetter, zog der Administrator in Magdeburg ein. Es muß ein grandioses Bild gewesen sein. Vom Krökentor herkommend, bildeten die waffenfähigen Bürger ein fünf Mann hohes Spalier auf der rechten Seite des Breiten Weges bis zum Neumarkt am Dom, während die linke Seite mit Einwohnern und Gästen gefüllt war. Der Zug begann mit den fürstlichen Hofbeamten, dem Stiftsadel und deren Dienerschaft, setzte sich mit Herzog Otto von Lüneburg, Deutschmeister Graf Moritz von Hohenheim und weiteren Grafen fort. Es folgten 12 Trompeter und 70 Trabanten vor dem Administrator in voller Rüstung hoch zu Roß. Er wurde begleitet von Bischof Heinrich Julius von Halberstadt und Fürst Joachim Ernst von Anhalt. Es schlossen sich zahlreiche von der Stadt Verwiesene an, die vom Rat Verzeihung erhielten, bevor die Adligen und ihre Dienerschaft den Zug beendeten. Im Zug befanden sich auch 2071 Pferde. Er bewegte sich über den Breiten Weg zum Neumarkt, dem Verwaltungszentrum des Administrators und zum erzbischöflichen Palast, wo der Administrator vom Domkapitel und den Deputierten der Stadt begrüßt wurde. Erst nach der Abnahme der Parade zog die Gemahlin des Administrators in einem vergoldeten, mit Samt überzogenen Wagen durch das festliche Spalier ein. Sie wurde von viel Gefolge mit 100 Pferden geleitet.

Der folgende Tag begann mit der Huldigungspredigt. Danach traf man sich zur Bürgerversammlung (Burding) auf dem festlich mit schwarzem Samt geschmückten Alten Markt, dem Zentrum der Alten Stadt Magdeburg. Zuerst wurde die Stadt von ihrem Huldigungseid durch die Sächsischen Gesandten entbunden. Damit war das seit 1551 dauernde Tripartit aufgehoben. Der Administrator besaß wieder die alleinige Herrschaft über das Erzstift Magdeburg. Dann erklärte der Rat die Bereitschaft, den Huldigungseid zu leisten. Der Stadt wurden die Privilegien bestätigt und die Huldigung verlangt, die sie dann leistete. Der Bürgermeister bat den Administrator auf das Rathaus. Hier bestätigte dieser die Belehnung der Stadt mit Gütern aus dem Erzstift, wobei er mit Wein und Konfekt bewirtet wurde. An der folgenden reichen Abendtafel tauschten die Anwesenden kostbare Geschenke aus. Dieses Ereignis wirkte nachhaltig auf die Geschichte der Stadt und das Selbstbewußtsein ihrer Bürger.

Ein weiteres Jahr später, am 25. Juni 1580, erschien das *Konkordienbuch*, das nach langer Diskussion (seit 1555) auf Drängen des Kurfürsten August I. von Sachsen (regierte 1553 bis 1586) abgeschlossen wurde. Es enthielt neben altkirchlichen Glaubenssymbolen das Augsburgische Glaubensbekenntnis, Luthers Kleinen und Großen Katechismus und die Konkordienformel. Zweck dieses Buches war, die Einheit des evangelischen Glaubens zu festigen. Schon 1576 wurde das Torgauische Buch, die erste Form, vollendet. Der Administrator Joachim Friedrich ließ es 1577 prüfen und im Kloster Berge verbessern. Magdeburg und andere versagten aber ihre Unterschrift. Weitere Beratungen folgten von 1578 bis 1580 in Wolmirstedt. Schließlich wurde die Konkordienformel von drei Kurfürsten (Sachsen, Brandenburg, Pfalz), 22 Reichsfürsten, 22 Grafen, vier Freiherren, 35 Reichs- und anderen Städten und 8000 Geistlichen unterschrieben. Auch Magdeburg konnte sich dem nicht entziehen.

Anzumerken ist noch, daß der Kaiser und die katholischen Stände dem Administrator auf dem Reichstag zu Augsburg 1582 seine Rechte auf das Erzstift Magdeburg streitig machten. Joachim Friedrich verließ voller Unwillen den Reichstag und die Stadt. 1597 heiratete König Christian IV. von Dänemark die Tochter des Administrators und späteren Kurfürsten von Brandenburg, Anna Catharina. Durch diese Heiratspolitik verbanden sich die evangelischen Län-

der Dänemark und Brandenburg sehr eng miteinander. Fest in diesem Macht-
gefüge verankert, wählte das Domkapitel den siebenten Sohn des Kurfürsten,
Christian Wilhelm, 1598 zum neuen Administrator.
Trotz dieser großen Erfolge beim Kampf um ihre Freiheiten, war die wirtschaftliche Blüte der Alten Stadt Magdeburg um 1600 vorüber. Bedrängt wurde sie besonders von Hamburg und den Elbanliegern, die unter Nutzung der
dauernden Differenzen zwischen Domkapitel und Stadt erfolgreich die Durch-
setzung des Stapelrechtes Magdeburgs unterliefen und ihr somit hohen finanziellen Schaden zufügten. Auch die Vermittlung der Hansestädte konnte diese
Auseinandersetzung nicht beilegen.

Westliche Ansicht der freien Reichsstadt Magdeburg, 1588 [11]

2 Uralte Abkunft ist ein großer Segen

Nicht ohne Stolz konnte Otto Gericke auf eine lange und bedeutende Ahnenreihe zurückblicken. Ihm war es wichtig, diese zu präsentieren. In einem handschriftlichen Text *Mein, Otto von Guerickes, Herkommen und Lebenslauf* von ca. 1680 [10] und in dem *Hochadelichen Ehren=Gedächtniß und Lebens=Lauff* [13] aus dem Todesjahr 1686 wird uns in den Personalia seine Herkunft glaubwürdig geschildert: *... so ist an dem/ daß Er* (Otto) *von alten berühmten Sächsisch= und Braunschweigischen* Patricien *Geschlechtern/ (welches ein grosser Seegen und besondere Guthat GOttes ist. Laut der Verheissunge:* Generatio rectorum benedicetur (Gesegnet sei eine rechte Zeugungskraft). *Wohl dem der den HErrn fürchtet/ und der grosse Lust hat zu seinem Gebothe/ dessen Saame wird gewaltig sein auff Erden/ das Geschlechte der Frommen wird gesegnet seyn/ Reichthumb und die Fülle wird in ihrem Hause seyn/ und sein Geschlecht bleibet ewiglich/ Psalm 112./ rühmlich hergestammet ...* [13, S. 7].
Mit diesen Aussagen wird klar, daß Wohlstand und eine große Familie anstrebenswerte Ziele dieser Zeit waren. Lassen wir uns in den weitgefächerten und bunten Stammbaum Ottos führen, zuerst in die spärlicher ausgewiesene mütterliche Linie: *... Werden also die 8 Ahnen/ ohne was noch weiter hinaus erwehnet/ anlangende von mütterlichen Herkommen und Linie gezehlet:* **1. Die von Zweydorffe. 2. Die Plauen. 3. Die von Peine. 4. Die Prallen. 5. Die von Grönehagen. 6. Die von Vechelt. 7. Die Ziegenmeyer. 8. Die Plangenmeyer** ... [13, S. 15]. Sehen wir uns nunmehr die väterliche, für diese Zeit bedeutendere und besser belegte Linie an: *... Werden also was die 8 Ahnen (ohne was noch weiter darüber erwehnet worden) anbelanget/ Vätterlichen Herkommens / gezehlet/ als* **1. Die von Guericken. 2. Die Alemänner. 3. Die von Wansleben. 4. Die Kleinschmiede. 5. Die Feuerhacken. 6. Die von Keller. 7. Die Witteköppe. 8. Die von Emden** ... [13, S. 12].
Diese Patrizierfamilien waren etwas Besonderes, alteingesessene, ratsfähige, die Geschichte der Stadt gestaltende Familien mit ausgeprägtem Führungsanspruch in der Alten Stadt Magdeburg. Allein in der väterlichen Linie gab es vor seinem Vater 13 Bürgermeister, einen Schöppen und drei Ratsmitglieder zu Magdeburg. Soviel Vorbelastung konnte bei unserem Otto nur zu dem erstrebenswerten Ziel führen, Bürgermeister von Magdeburg, aber zumindest Ratmann zu werden. Andererseits zeigen diese Ahnenreihen, welch ein Potential an schriftlicher, mündlicher und gegenständlicher Überlieferung vorhanden gewesen ist, das für Familienmitglieder zur Nutzung aufbereitet war.
Was ist nun über den Vater Ottos bekannt? Eine Trostschrift oder ein Ehren-

gedächtnis zu seinem Tode ist nicht erhalten, so daß wir uns auf die Mitteilungen seines Sohnes verlassen müssen. Wir lesen in dessen Personalia: ... *Sein Vater sehl. ist gewesen der weyland Hoch=Edelgebohrner Herr Hans Guericke/ Schultheiß und weltlicher Richter zu Magdeburg/ welcher Anno 1555. Sontags vor Johanni des Tages Liecht angeschauet/ und als Er etwas zu Jahren gekommen/ hat Er sich in frembde Lande begeben/ dabey sich die Gelegenheit ereyget/ daß Er Ao. 1578. bey dem Könige* Stephano (regierte 1575 bis 1586) *von Pohlen in Dienste gekommen/ und für einen Hof=Juncker bald angenommen/ da ihn Se. Mayst. unter solchem seinem verbesserten Dienste mehrentheils zum verschicken gebrauchet/ als nacher Dännemarck/ Schweden und sonst/ hernacher an den Groß=Füsten oder Czaar in der Muscau/* Wasieliewitz (regierte 1547 bis 1584) *genandt/ an welchem Hofe Er ein gantzes Jahr gewesen/ und sich also verhalten/ daß selbiger Groß=Fürst (welcher eine besondere Feindschafft wieder die Pohlnische* Nation *damahls getragen/ und zuvor des Königs Gesandten schimpflich* tractirt gehabt) *keine Ursache an ihn finden können/ welches Ihm dann zugleich/ und indem Er bey so vielen reisen der Sprachen der Orten woll kündig worden/ bey dem Könige grosse Gnade erwecket/ und von Ihme* nobilitiret *worden.*
Anno 1582. ist Er einst nach Hause gezogen/ seine Eltern zu besuchen/ und von seinem Zustande Meldung zu thun; Es hat Ihm aber zu Magdeburg nicht gefallen/ derowegen Er wieder zum Könige sich begeben/ der ihn darauff nach Constantinopel zum Türckischen Käyser verschicket/ Er ist aber bald/ weil der Zustand der Affairen *sich geändert/ indem einer vom Türckischen Käyser am Pohlnischen Hofe angekommen/ wieder zurücke beruffen/ und mit anderer* Instruction *ferner versehen werden sollen ... Wie Er nun zum andernmahl wieder in* patriam *gelanget/ hatt Er nebst erlangeter grossen Ehre viel rare Sachen und köstlicht Dinge mit gebracht ...* [13, S. 7].
Also kehrte Hans Gericke 1587 als ein international erfahrener, durch erfolgreiches diplomatisches Geschick gekennzeichneter und hochgeehrter Mann in die Alte Stadt Magdeburg zurück. Er war 32 Jahre alt und weilte über neun Jahre in der Fremde, um Ansehen und Ruhm zu erwerben. Einer standesgemäßen Heirat stand nichts im Wege. Und wieder kreuzten sich die Wege der Alemanns und Gerickes: ... *Herr Hans Gericke hat Anno 1588. in erster Ehe gehabt Frau Margaretham Alemannin Herrn Hanß Alemans auff Kalenberge Erbsessen so ein Adelich Gut im Magdeburgischen Eheleibliche Tochter/ diese Frau hat erstmahls des Kämmerer Anthon Morizen (so ein alt berühmtes Geschlechte) im Ehebette gehabt ...* [13, S. 9]. Hans Gericke heiratete die schwangere Witwe, Margaretha Moriz, geborene Alemann, und erkannte die

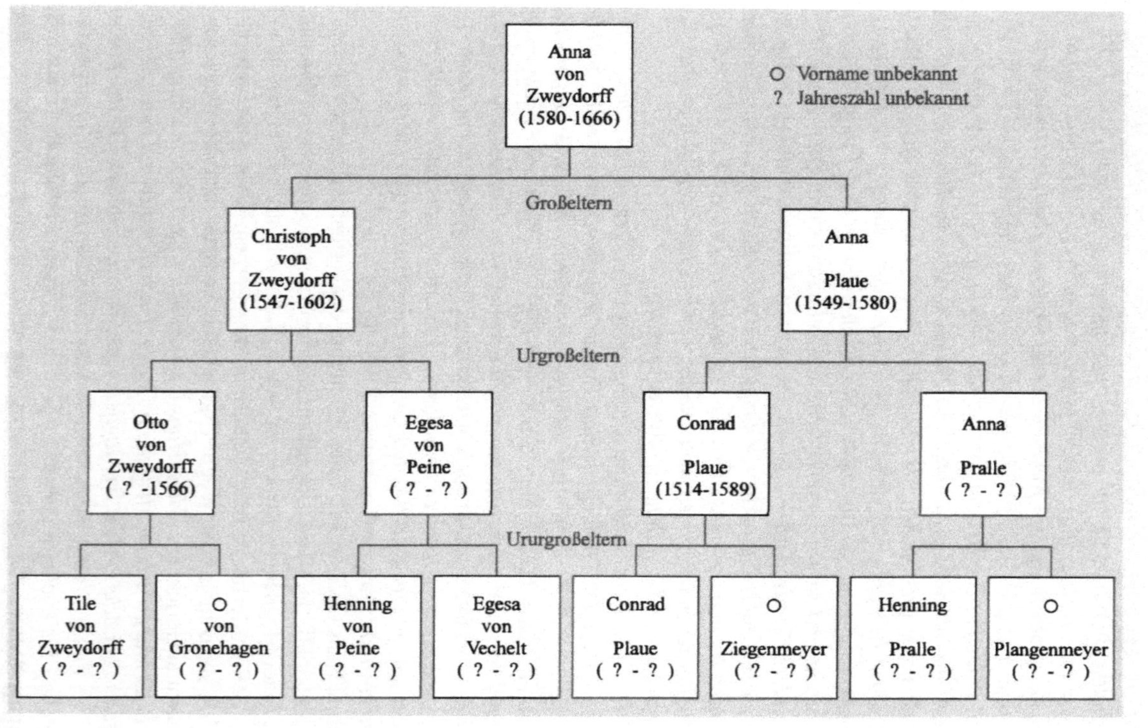

Otto von Guerickes Vorfahren mütterlicher Linie [14]

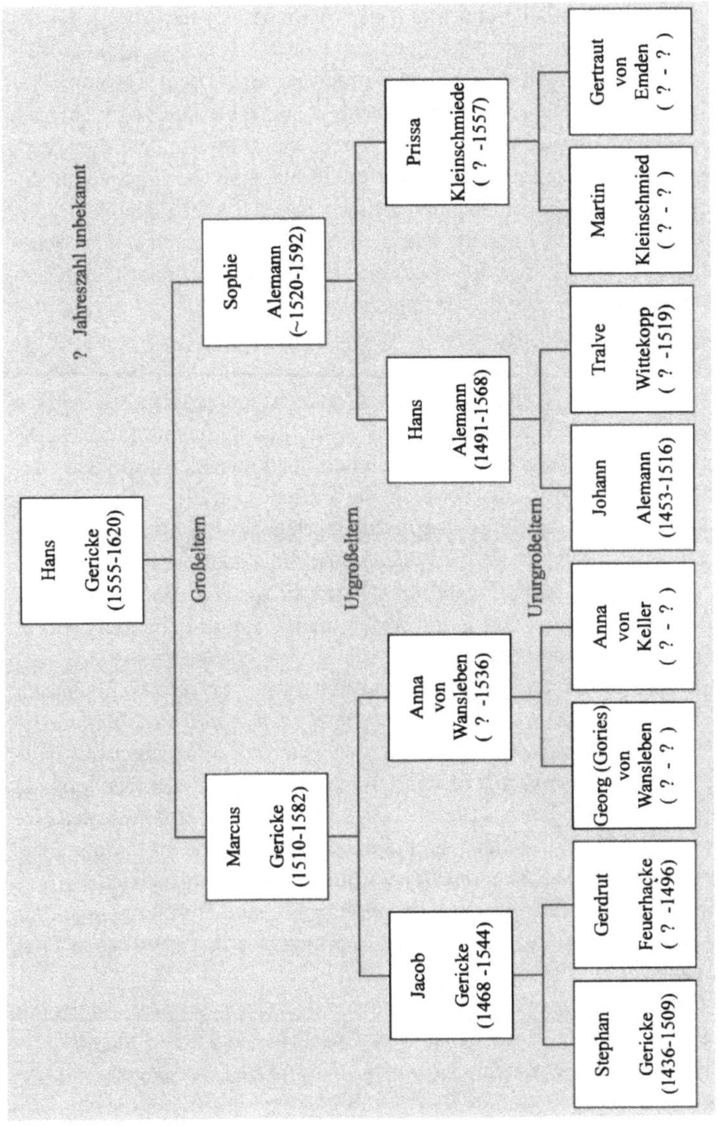

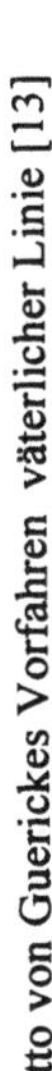

Otto von Guerickes Vorfahren väterlicher Linie [13]

nun ehelich geborene Tochter, Sophia Gericke, als die seinige an. Sophia war also nicht genetisch, aber durch juristische Anerkennung seines Vaters, Ottos ältere Schwester.

Damit schien die rechtliche und finanzielle Absicherung der Mitglieder der Patrizierfamilien, so auch die der Frauen und Kinder, zwar manchmal problematisch, doch konsequent gehandhabt worden zu sein. Diese Tat von Hans Gericke, deren Hergang und Beweggründe im Dunkeln bleiben, zog wohl nach sich, daß er die nun freie Stelle des Kämmerers Moriz im Rat der Alten Stadt Magdeburg bekam. Wie mir scheint, war es ein für seine Qualitäten nicht angemessenes Amt, das aber einen guten Einstieg in den Rat ermöglichte. Daß er anerkannt wurde, belegt folgende Notiz: ... *Man hat Ihm nach seiner Heimkunft* Anno 1591. *nebst Ulrich Sturmen/ der alten Magdeburgischen Geschlechter Gebrauch nach/ die Banner zu führen/ so als ein Ritterspiel mit Fahnen und Trompeten zu Pferde praesentirt, welche aber nach der Zeit nicht weiter geführet* ... [13, S. 8].

Die Alemanns und die Gerickes waren neben wenigen anderen Patrizierfamilien diejenigen, die die Entwicklung der Stadt wesentlich mitbestimmten. Da die Alemanns uns in den folgenden Lebensläufen noch häufiger begegnen werden, werfen wir einen Blick aus der Sicht der Gerickes auf dieses ebenbürtige, wenn nicht sogar, was die Herkunft betrifft, überlegene Geschlecht: ... *Betreffende unter andern das uhralte Geschlecht der Alemänner/ weil auch des ... Herrn ... Frau Liebste aus selbigen ihres Herrn Vatern und Frau Mutter wegen entsprossen/ so ist zu wissen/ daß der berühmte* Author Pauermeisterus *in seinem Buche* De Jurisdictione Imperii ... *dieses Geschlechte nennet ... gestalt es von 500 Jahren her soll berühmet gewesen seyn ... Ertzbischoff Albrecht* (regierte 1382 bis 1403) *hat Anno 1393 zu Schöppen bestättiget Johann Alemannen/ Anno 1438 Heinrich Alemannen/ welcher auch Bürgemeister worden.* Ao. 1464 *hat Ertzbischoff Friederich* (regierte 1445 bis 1464) *Ludewig Alemannen zum Schöppen bestätiget.* Anno 1477 *Ertzbischoff* Ernestus (regierte 1476 bis 1513) ... *Johann Alemannen/ Ludewichs Sohn/ dann wieder Hans Alemannen/ Heinrichs Sohn/ Herr* Administrator *Johann Friedrich* (regierte 1566 bis 1598)/ *Marggraff zu Brandenburg;* Anno 1592 *Erasmum Moritz und Casper Aleman/ so auch Bürgemeister zugleich/ da Er ihn in den* Titul *Ehren beygeleget ...*

... *Nebst* Conferirung *obgedachter vornehmen adelichen Aembter/ haben die Herren Ertzbischöffe ... auch denen von Guericken und ihren männlichen Leibes=Erben die gesampte Hand daran aus Churfürstl. Gnaden geschencket/ und thun diese beyde Geschlechter bey 500 Lehn=Briefe/ wann ein Fall geschiehet/ an andere/ unter andern auch 6 an ein hochwürdig Dom*-Capitul *zu Magdeburg außgeben. Käyserl. Mayst.* Rudolphus II. *(regierte 1576 bis 1612) höchstsehl. Andenckens/ hat* Ao. 1602, *den 9 Martii, diesem alten Alemannischen Geschlechte seinen alten Standt allergnädigst* confirmirt, *und den offenen Helm mit einer besonderen Crone gezieret/ davon das* Diploma *in* Original *noch vorhanden ...* [13, S. 12 ff.].

Nunmehr kommen wir wieder ins Jahr 1601. Die erste Frau des Kämmerers Hans Gericke verstarb früh. Der Witwer suchte nach einer neuen Frau für seinen Haushalt und zugleich nach einer Mutter für seine Tochter Sophia. Hans, 46 Jahre alt, lernte Anna von Zweydorff, 22 Jahre alt, kennen. In ihren Personalia lesen wir: ... *Ihre liebe Eltern haben Sie auch bald durch das* Sacrament *der heiligen Tauffe unter die Zahl der Christenheit einzeügen lassen/ wie wohl ihre liebe Mutter wie gemeldet nicht lange darnach gelebet/ sondern solch ihr kleines saugendes Kindlein durch frühzeitig doch seliges absterben hinterlassen müssen. Daher gegen aber mehr besagter ihr groß Vater Herr* Conradus Plaue ... *sich ihrer als seiner eintzigen Tochter Kindes/ desto mehr angenommen/ und sie in guter Zucht zur Gottesfurcht wie auch andern Jungfräulichen Tugenden zu erziehen alle nothwendige Mittel angewendet/ Gestalt er dann wol begütert gewesen/ und die bemelte Stifftungen gemachet.*

Als (Sie) ... *nun zu Ihren Jahren kommen und ... haben ... Ihre mit gefährten Sie dahin vermogt/ daß Sie mit einander vollens nach Magdeburg gezogen und die Schönen Kirchen allhier besichtiget; Da sie dann mit ihrer Schwägerin Herren Hansen von Zweydorffs Hauß=Frauen und ihres Vatern Schwester Tochter Jungfer Margariten von Adenstädt/ allhier in den gülden Arm eingekehret/ und obberührter ... damahliger Witber Herr Hanß Gericke ... Sie zusehen bekommen und in Ehren lieb gewonnen/ sich auch unlängst darauff nach Braunschweig erhoben biß er nach ein und ander abgelägten Reise alla mit* Consens *ihres lieben Vatern Herren Christoph von Zweydorffs und Ihrer beyden Vormünder/ die Verlöbnüß gepflogen/ Sie auch endlich uff bestimbte Zeit gar statlich allhier eingeholet und deß folgenden Tages nemblich den 25. Januarij Anno 1602. die Hochzeit gehalten ...* [14, S. 66 ff.]. Das bestätigen auch Ottos Personalia [13, S. 9]. Otto Gericke faßte später mit Stolz und Respekt seine Abkunft so zusammen: ... ***Von diesen Christlichen Vornehmen Ehrlichen Eltern, Groß= und Alter Eltern ... habe ich mein Ursprung, Leben und Oden empfangen ...*** [10, S. 377].

3 Entwicklung jugendlicher Kraft

Otto Gericke ... *ist Anno 1602. den* 20. Novemb. *1/4 vor 10. Uhr Vormittages zu Magdeburg in diese Welt gebohren ... Es haben ihme seine liebe Eltern so fort zum* Sacrament *der heiligen Tauffe befordert/ zu aller Gottesfurcht und Christlichen Tugenden erzogen/ und ihn als eintzigen Sohn (wie er dann keine Schwestern noch Brüder jemahls gehabt) durch eigene* Praeceptores *zum* studiren *gehalten* ... [13, S. 7 und 16].

Ihm wurde alles das in die Wiege gelegt, was Generationen an Wissen, Kraft und Macht in dieser Patrizierfamilie angehäuft hatten. Manches wird ihn beflügeln und befördern, anderes wird ihm eine wahrhaft schwere Last sein, und einiges wird ihn erdrücken. Offen bleibt, wie er diese Bürde tragen, und wie er seine Kräfte entfalten kann. Sein Vater war ihm Vorbild und Beispiel. Dieser wurde der Alten Stadt Magdeburg Schöppe. Damit brach er in die schon zitierte große Tradition der Alemanns ein. Dies wurde nicht unwesentlich dadurch begünstigt, daß seine erste Frau eine Alemann war: ... *Er ist erstlich Raths Kämmerer und* Anno 1608. *den 12. Jan. zum Schultheissen oder Weltlichen Richter des Käyl. Schöppenstuhls alda* constituirt *worden/ welches* Officium *das Haupt gedachten* Collegii *gewesen/ Er hat im Nahmen des Käysers vor diesem die Urtheile gesprochen/ und für Ihn allerdings der Burggraff zu Rechte stehen müssen ... davon auch in andern alten Büchern weitläufftig zu lesen/ und unter andern ... viel in seinen* Manuscriptis *davon auffgezeichnet sonderlich daß es mänlich Lehn gewesen* ... [13, S. 9].

Die Bedeutung dieses zweithöchsten Amtes in der Stadt, das weit über ihre Grenzen hinauswirkte, macht deutlich, welche hervorragenden Eigenschaften Hans Gericke haben mußte, denn Schöppen hatten strengen Auswahlkriterien standzuhalten: ... *In dem Schöppen=Collegio sind damals Rittermässige Persohnen gewesen/ laut gedachter* Cronic, *und werden ... die Geschlechter/ Ritter und Bürger in der Stadt genandt. Die Käysere haben denen Geschlechtern ihr Schild und Helm im Wapen gegeben/ und daß sie die nechste nach dem Adel gerechnet worden ... in gl. stehet: Ein Schöppenbahr frey wahr ein jeglich unbescholten Mann/ von seinen 4 Ahnen in einer Stadt gesessen/ und unverrücket an allen seinen Rechten/ der war Schöppenbahr frey Mann/ also/ daß man ihn woll zum Schöppen wehlen möchte/ Schöppenbahr frey aber seynd in Ritterschafft und Ritterlicher Würdigkeit gleich ... Und sind die Schöppen ... biß* Anno 1294 *mit in dem Rath gewesen/ aber nach denen Bürgermeistern gegangen ... Wer der Schöppen Urtheil hat straffen wollen/ hat sich müssen nirgends hinziehen/ als für die Käys. Pfaltz ... Und ist das Schöppen=Gerichte ein Käys.* Judicium *gewesen. Sie haben nach Lehnrecht den Schöppenstuhl geerbet/ das ist an den ältesten Sohn/ oder in Mangel derselben/ an den nechsten Eltesten eben bürtigen Schwert magen ... Nun vererben aber die Bürger der alten Stadt Magdeburg/ nach ihren Käyserl. gegebenen und bestättigten Weichbilde Rechten/ eben solch Heergewette ... Darümb sind sie Ritters=Arth/ und haben den Heerschild/ das ist/ einen adelichen Stand ...* [13, S. 13 ff.].

Diese Aufgabe war wohl eine angemessene Herausforderung an Hans Gericke. Eines läßt sich sofort entnehmen, der Schöffenstuhl war ein *Erb=Ampt.* Als Hans dieses Amt übernahm, war klar, daß sein Sohn Otto auf dessen Übernahme vorbereitet werden mußte. Dementsprechend wurde also die Ausbildung ausgewählt. Beispiele in der Familie waren ausreichend gegeben.

Ein anderes Ziel, das Ottos Streben lenkte, läßt sich ebenfalls entnehmen. Hans Gericke hatte den polnischen Adelstitel, der nur dort und nicht im Deutschen Reich galt, weswegen er ihn auch nicht führen konnte. Die Tätigkeit, die der Schöppe ausführte, war *Ritters=Arth,* womit eine Grundbedingung für die Nobilitation gegeben war. Die Gerickes strebten den Adelstitel an, denn er bedeutete nicht nur Ehre und reichsweite Anerkennung, sondern auch den Erlaß von Steuern, anderen Abgaben und Verpflichtungen. Otto, sein Sohn, sollte dieses Streben des Vaters vollenden.

Aber unseres Ottos tägliches Leben war hiervon erst einmal relativ unbeeinflußt verlaufen. Wie jeden Jungen auch heute, werden ihn die Reisenden, die Händler und Handwerker interessiert haben und die Geschichten, die das Leben der Stadt und deren Familien schrieb. 1612 fand eine große Familienfeier statt, an der gleichermaßen die Gerickes, Alemanns und Morizens beteiligt waren. Ottos große Stiefschwester Sophia sollte Georg Schmidt heiraten. Dieser Verpflichtung aus der ersten Ehe, seine anerkannte Tochter rechtlich und finanziell zu sichern, kam Hans Gericke sehr gewissenhaft nach. Ein gebildeter, begüterter und alteingesessener Mann passenden Alters wurde gesucht. Georg Schmidt schien standesgemäß geeignet. In seinen Personalia finden wir: *... hernegst in seiner jugendt/ durch eigene* Praeceptores *zum studiren gehalten/ dabey er die* fundamenta pietatis & probitatis *rühmblich geleget/ auch* Anno 1605. *uff die* Universitet *naher Jehna verschicket/ alldar er seine* studia *ins dritte jahr* continuiret, *und in* Jure *und* politicis *einen guten* profectum (dt. Erfolg) *erlanget/ biß er wegen unverhofften todes/ wolermelter seiner lieben Eltern/ durch seine negste anverwandte/ wider abgefordert/ das Väter= und Großväterliche Haus/ zu bewohnen/ in dero Fußstapffen zu treten/ und die Nahrung des Ackerbawes zu gebrauchen/ angemahnet worden/ worauff sich ...* Anno 1612. *zum heiligen Ehestandt begeben/ unnd ohne zweiffel durch*

*schickung des Allmächtigen/ mit des Ehrnvhesten/ GroßAchtbahren/ unnd
Hochweisen Herrn Hansen Gerigkens/ Weilandt Schultheisen dieser Stadt
...eintzigen Dochter ... Jungfer Sophia ... sich des Montags nach dem tag Galli
Christlich verehelichet/ mit ihr im wehrenden Ehestande/ friedlich wohl-
vertragen/ und durch Gottes Segen 2. Söhne und 4. Döchter erzeuget hat/ davon aber ein Sohn ... unnd zwo Döchter ... in blühender Jugend/ durch diesen
zeitlichen Todt/ zur ewigen Seeligkeit hinweg gerissen ...* [15, S. 39 ff.].
Georg, zur Hochzeit 34 Jahre alt, und die gleichaltrige Sophia übten auf Ottos
Leben einen nicht unwichtigen Einfluß aus. Leider wissen wir bisher wenig
über die perönlichen Beziehungen zwischen Sophia und Otto. Daher sei hier
etwas über die Familie des Schwagers Georg Schmidt angeführt: ... *es hat der
Allgewaltige Gott/ ihme bald nach gehaltener Hochzeit/ beyde seine new
erbawete kostbare Häuser und Ackerhöffe/ so wohl am Breiten Wege/ als in
der Schrottorffer strassen/ sampt statlichen Mobilien und Fahrnüß/ bey der
domahligen* Anno 1613. *in der Ifflofischen Strassen entstandenen grossen
Fewersbrunst/ gantz in die Aschen geleget ...* [15, S. 41 f.].
Dieses schwere Brandunglück vom 18. April 1613 in der Alten Stadt hatte
großen Einfluß auf deren weitere Entwicklung. Dazu faßte Hoffman in Aus-
wertung historischer Quellen zusammen: ... *Ein in der Petripfarre wohnender
Bürger, Teuffel mit Namen, hatte am gedachten Tage, Behufs seines Brauens,
ein Fuder Stroh aus der Neustadt erhalten und ließ selbiges, gerade als es zur
Nachmittagspredigt läutete, bei sich abladen. Eins der herabgeworfenen Bunde
fiel hart am Feuerherde nieder, gerieth in Flammen und entzündete das ganze
Haus so schnell, daß der Eigenthümer Frau und Kind nur zum Fenster hinaus
retten konnte. Der Ostwind blies scharf und jagte die Flammen über die Stadt
hin ...*
*Binnen einer halben Viertelstunde war das Feuer schon durch zwei Straßen
bis zum Catharinenkirchhofe gedrungen, es ergriff die Kirche, lief dann über
den Breitenweg und durch die große Schrotdorferstraße bis zum Schrotdorferthore, verbrannte die Thorflügel und das Dach desselben und verschon-
te selbst den Zwinger im Stadtgraben nicht. Innerhalb drei Stunden wurden
212 Häuser - 23 in der Petri=, 49 in der Jacobi= und 140 in der Catharienpfarre
- unter denen 44 Brauhäuser, - Scheuern, Ställe und andere kleine Gebäude
ungerechnet - ein Raub der Flammen ... Das wilde, entfesselte Element spotte-
te der ohnmächtigen Anstrengungen, es zu bändigen ...* [16, S. 12 ff.].
Der schier aussichtslose Kampf gegen das durch Wind angefachte Feuer, die
hastig zu den Brunnen und zum Elbufer gebildeten Menschenketten, die leder-
ne Wassereimer bis an das Flammenmeer heran von Hand zu Hand weiter-

reichten, wo auf die gefährdeten Gegenstände und Gebäude Wasser gegossen oder mittels Handfeuerspritzen ein gezielter Strahl abgegeben wurde, waren beeindruckend. Um das Flammenmeer einzudämmen, mußten Schneisen in die noch unbedrohten Häuserreihen mit Haken und Hacken gerissen und geschlagen werden. All das und die Klagen über die Verluste an Menschen, Wohnung und Hausrat brannten sich in Ottos Gedächtnis ein.

Darüberhinaus wird auch der Wiederaufbau dieses Stadtteils, der noch weit über 1617 hinausreichte, von ihm mit wachen Augen verfolgt worden sein. Baustellen waren sicher schon zu Ottos Zeiten, wenn auch verbotene, so doch die besten Spielplätze. Dazu gehörte bestimmt auch das Brauhaus der Gerickes. Sie besaßen die Braugerechtigkeit und nahmen diese in Magdeburg, dem unumschränkten Zentrum des hiesigen Brauereiwesens, wahr. Die Gerätschaften, wie Fässer und Kupfergefäße, sowie das Brauen werden den Knaben frühzeitig interessiert haben, der ja sonst ... *durch eigene* Praeceptores *zum* studiren *gehalten* ... [13, S. 16] wurde und keine öffentliche Schule besuchte. So führte er das ganz normale Leben eines Magdeburger Patrizierkindes.

Die Alte Stadt Magdeburg, eine sich frei wähnende Reichs- und Hansestadt, erwehrte sich erfolgreich Versuchen, sie zu unterwerfen. Der Handel und das Stapelrecht, besonders mit Getreide aus der Börde, brachten gute Einnahmen in die Stadtkassen. In Magdeburg kreuzten sich Jahrhunderte alte wichtige Handelswege. Die Elbeschiffahrt zwischen Hamburg und Dresden und auch die Landwege über die von der Festung beherrschte Elbefurt zwischen dem Osten Deutschlands und den Metropolen im Westen und Süden schafften ein internationales Fluidum. Magdeburg gehörte mit ca. 30 000 Einwohnern zu den größten Städten Deutschlands. Es war Verwaltungszentrum und kulturelles Zentrum des gleichnamigen Erzstiftes. Erfolgreich wurden die Konkurrenten Halberstadt, Brandenburg und Halle aus dem Feld geschlagen. Einzig elbabwärts die Hansestadt Hamburg blieb aufgrund ihrer günstigeren Lage zur Nordsee ein harter aufstrebender Widersacher.

1604 wurde zu Lübeck der Bund der Hansestädte erneuert und die vertragliche Verbindung zu den starken Generalstaaten (Niederlanden) gesucht. 1606 tagte der Convent der Hansestädte in Magdeburg, auf dem die Belagerung Braunschweigs durch ihren Herzog verurteilt, finanzielle Unterstützung zugesagt und dann auch erfolgreich geleistet wurde. Die Hansestädte beschlossen, näher zusammenzurücken. Zwischen ihnen wuchs aber auch der Konkurrenzkampf. 1609 brachte Magdeburg auf einem weiteren Convent 21 Klagepunkte gegen Hamburg, besonders den Elbhandel betreffend, vor. An dem *Starrsinn Hamburgs* scheiterten alle Vermittlungsversuche. Der finanzielle Schaden für

Brauer bei seinem Gewerk, 1618 [20]

unsere Stadt war beträchtlich, denn es wurde das althergebrachte Stapelrecht unterwandert. So waren die Bemühungen der Alten Stadt Magdeburg bei Kaiser Rudolph II. zu verstehen, alle Privilegien erneut bestätigt zu bekommen. Dieser forderte erst Gehorsam gegen den Administrator und in schwebenden Verfahren, so daß keine Einigung erzielt wurde. Nach dem Tod Rudolph II. 1612 bestätigte aber dessen Nachfolger Kaiser Matthias (regierte 1612 bis 1619) auf erneutes Ansuchen der Stadt sämtliche Freiheiten, Privilegien, Gerechtsame und Gewohnheiten. Die Kraft der Stadt war jedoch in jahrelangen Kämpfen um ihre Rechte erschöpft und reichte nicht, die Privilegien konsequent einzufordern und die Rechte durchzusetzen.

Unsere Alte Stadt Magdeburg mußte der zunehmenden Polarisierung der Kräfte gerecht werden, die 1609 mit der Gründung der katholischen Liga als Antwort auf die 1608 gegründete protestantische Union forciert wurde. Der Administrator Christian Wilhelm äußerte intensiv den Wunsch, die Differenzen zwischen Erzstift und Stadt beizulegen. 1617 führte eine Delegation mit den Bürgermeistern Caspar Alemann und Dr. Stephan Olvenstedt sowie Syndikus Dr. Bolfraß und Stadtschreiber Salig in Halle, am Sitz des Administrators, Verhandlungen. Ein Vergleich, der Voraussetzung für eine Huldigung war, wurde erarbeitet. Noch vor dem Säkularfest (100-Jahr-Feier) der Reformation 1618 wollten beide Seiten Einigkeit demonstrieren und die Kapitulation unterzeichnen, was auch mit Mühen gelang. Die nun anstehende Huldigung konnte aber nicht vollzogen werden, weil durch die dann folgenden historischen Ereignisse außerhalb der Stadt der Lauf der Geschichte verändert wurde.

Innerhalb der Stadt zeigte sich diese Kräftepolarisation ebenfalls. Die Zerstrittenheit zwischen kaiser- und administratortreuen sowie den wieder erstarkten katholischen und den traditionell starken protestantischen Kräften flammte auf und wurde durch die wirtschaftliche Krise verschärft. Aber trotzdem sahen die Patrizier ihre Aufgaben und so auch einen Schwerpunkt ihrer Erziehung darin, den Stolz der Magdeburger Bürger nach Deutschland und in andere Länder hinauszutragen sowie die Stadt in ihren Rechten nach innen und außen zu sichern. Hieraus schöpfte Otto Gericke die Kraft, die Hartnäckigkeit, den immer ungebrochenen Stolz, den Gerechtigkeitssinn und die Umgangsformen, um sich den Widrigkeiten entgegenzustellen, die die sich abzeichnenden Kämpfe um die Vormacht in Deutschland später zeigten.

4 Studium der Jurisprudenz und Fortifikation

Ottos eigene Mitteilungen über sein Studium sind recht spärlich. Es kann dabei der Gedanke aufkommen, daß er es nicht besonders gern gemocht hat, obwohl die Zeit, in der er es aufnahm, von großen wissenschaftlichen Umwälzungen gekennzeichnet war. Wie sich zeigte, interessierten ihn diese im hohen Alter mehr als die Jurisprudenz, die er studieren sollte und deren Grundlagen er benötigte.

Charakterisiert war diese Naturwissenschaftliche Revolution besonders durch einen grundlegenden Wechsel der anerkannten wissenschaftlichen Methode (vom Autoritätsbeweis zum Experiment) und durch das zunehmende Wissen im Detail (von der Begrenzung der Wissenschaften durch das religiöse Dogma zu den sich davon emanzipierenden Wissenschaften). Am Beginn dieses Jahrhunderts stand symbolisch Giordano Bruno, den wegen seines Beharrens auf seinen Anschauungen vom unendlichen All und von der unendlichen Zahl bewohnter Planeten der Scheiterhaufen ereilte. Aber auch William Gilbert mit seinem Buch *De magnete* setzte neue Zeichen für das Verständnis der Erde. Ebenso gehörte zu den neuen Werken Francis Bacons *Novum Organum*, das nicht nur aufforderte, neue Erkenntnisse aus der Natur zu erwerben, sondern auch eine neue Methode empfahl, den Empirismus, der die Sinneserfahrung als wichtigste Erkenntnisquelle ansah. Damit war das Feld für die *Neuen Wissenschaften* bereitet.

Den Anfang dieses Jahrhunderts prägte besonders die Benutzung eines neuen Experimentiergerätes, der Linse. Galileo Galilei machte mit deren Anwendung als Teleskop ab 1609 ungeahnte Entdeckungen im Makrokosmos, die die Hypothesen eines Kopernikus und Bruno favorisierten. Im Gegenzug verbot der Papst 1616 diese Neue Astronomie. Die Inquisition ermahnte Galilei ernstlich. Werke von Kopernikus und seiner Gefolgschaft wurden auf den Index gesetzt. Der Zugriff der Scholastik auf die Lehranstalten war aber nicht total. Die protestantischen Universitäten entzogen sich dem und lehrten neben der Autorität Aristoteles auch die Neuen Wissenschaften.

Otto Gericke wurde zum Sommersemester 1617 an die Artistenfakultät... *auf die Universität Leipzig geschicket/ und [an] des Doct. Pauli Wagners Tisch gethan ...* [10, S. 377], da er nicht volljährig war und unter Aufsicht bleiben mußte. Die protestantische Leipziger Universität war noch gekennzeichnet durch den Kampf um die Vormacht zwischen Calvinisten und orthodoxen Lutheranern. Eine Visitation an allen Fakultäten durch kurfürstliche Beauftragte 1618 erbrachte, daß die bestehende Studienordnung bestätigt und Miß-

stände, wie die zu häufige Ortsabwesenheit der Lehrenden, gerügt wurden.
Diese waren personell mit dem Leipziger Konsistorium, dem Obergerichts-
hof, dem Schöppenstuhl und dem Stadtrat verflochten [17].
Otto mußte sich sicher dem Pennalismus stellen. Etwa ein Jahr lang war er im
Pennal. Er war zu Leistungen und Diensten verpflichtet, etwa die Stube sauber-
zuhalten, Botengänge auszuführen, Tabak zu schneiden, Holz zu hacken, Bücher und Kolleghefte zu bezahlen und sein Geld abzuliefern. Ein Pennäler
durfte weder Degen noch langen Zopf tragen und den Hut nicht mit einer Feder schmücken. Besonders kostspielig waren für ihn der Antritts- und der Ab-
solutionsschmaus. In der Regel hatte er acht bis zehn Personen mit Bier, Wein,
Tabak und erlesenen Speisen zu bewirten.
Bis 1619 studierte Otto an der philosophischen Fakultät und machte eine Art
Vorbereitungsstudium zu einer der hohen Fakultäten, der juristischen, medizinischen oder theologischen. Dazu gehörten das Studium und der Umgang mit
der lateinischen Sprache, die im 17. Jahrhundert die einheitliche Sprache der
europäischen Schulen und Wissenschaften war. Des weiteren gehörten Logik
und Dialektik (heute vielleicht Rhetorik) zu den Grundlagenfächern, die er
hier absolvierte.
Mit der Ausweitung des Krieges und dem Fortschreiten der Krankheit seines
Vaters Hans wollten die Eltern ihren Sohn in der Nähe haben. So ging Otto
nach den zwei grundlegenden Studienjahren 1619 zuerst nach Magdeburg zurück und wird ... *hernach Anno 1620 nach Helmstedt (an des Hrn. Doctoris
Wolffii Tisch) geschicket, von dannen Er wegen seines Herrn Vattern zunehmenden Kranckheit/ und darauff den 4ten* Septembris *selbigen Jahres erfolgten Todes=Falls/ da sein Leichnamb in* St. Ulrichs-*Kirche begraben/ wieder
abgefordert* ... [13, S. 16]. Nun begann die gegenseitige Verflechtung der
Patrizierfamilien auch für den unmündigen Otto zu wirken. Aus den Familien-
stiftungen wurden Zuschüsse zum Studium angefragt und erhalten. Otto nutzte das *herliche Stipendia,* gestiftet von Conrad Plaue, einem Urgroßvater mütterlicher Linie.
Zum Zeitpunkt des Todes seines Vaters 1620 konnte Otto den Schöppenstuhl
nicht übernehmen, da er nicht volljährig und nicht ausreichend ausgebildet
war. Ein weiteres Studium war für eine Tätigkeit im Rat oder als Schöppe
erforderlich. Nachdem die Familienangelegenheiten geregelt und die finanziellen Grundlagen des Studenten Otto Gericke für das weitere Studium gesichert waren, hat er sich ... *ao: 1621. nacher Jena und zum* Studio Juris *begeben*
... [10, S. 377]. In der Rangfolge der Anerkennung und Bedeutung stand die
1562 gegründete Juristische Fakultät hinter der Theologischen und vor der

Medizinischen sowie der Philosophischen an zweiter Stelle. ... *An der Univer-*
sität vertraten die Historiker und Juristen die Grundlagen und Ziele des prote-
stantischen-territorialstaatlichen Prinzips ... Auf diesem Boden erwuchs die
schärfere Unterscheidung zwischen Kirchen- und Profangeschichte, die stär-
kere Betonung der Profangeschichte etwa durch den von 1591 bis 1612 in
Jena als Professor der Geschichte und Poesie wirkenden Elias Reusner, sowie
die enge Verbindung zwischen Geschichte, Staats- und Rechtswissenschaft.
Diesbezüglich führend in der Jenaer Juristischen Fakultät und darüber weit
hinaus wurde Dominikus Arumäus. Er hatte u. a. in Oxford die Rechte studiert
und war seit 1599 in Jena ... [18, S. 52].

Die juristischen und die damit verbundenen historischen Ansichten Otto
Gerickes wurden hier wesentlich geprägt, wie spätere Schriften bezüglich der
Stadt Magdeburg zeigten. Die Beziehungen der Universität Jena zu Magde-
burg waren stark und vielfältig. Lehrer wie Flacius Illyricus, Wolfgang Ratke
und Johann Major gingen zuerst durch die Lebensschule unserer Alten Stadt
Magdeburg, bevor sie in Jena, besonders an der Theologischen Fakultät, ihren
Ruhm begründeten. Notwendige juristische Gutachten holte die Stadt vorwie-
gend an der Juristischen Fakultät in Jena ein. So war also Ottos Wahl dieser
Universität für sein juristisches Studium kein Zufall. Ein akademischer Abschluß war aber nicht vorgesehen, da der nur für eine akademische Laufbahn
notwendig war. Zwei Studienjahre (1621 und 1622) blieb Otto an der Juristi-

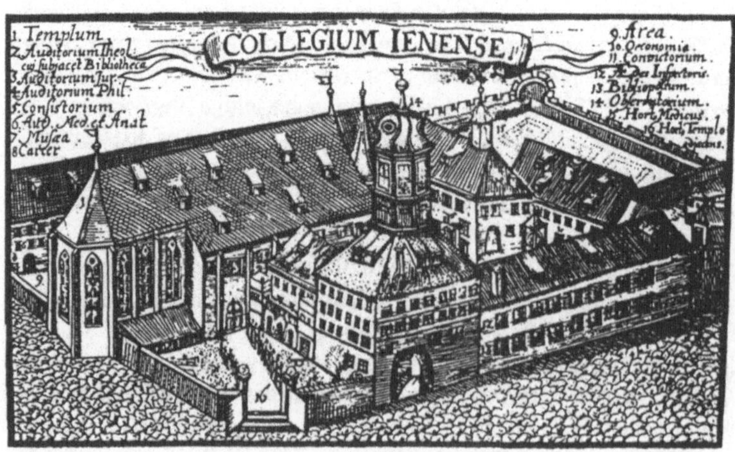

Universität Jena, ca. 1710 [19]

schen Fakultät der *Salana*. Interessiert aber auch beunruhigt las er in den Briefen seiner Verwandten und Bekannten die Nachrichten aus seiner Heimatstadt Magdeburg.

Durch den Beginn des Böhmischen Krieges mit dem Fenstersturz zu Prag 1618 und der Schlacht am Weißen Berg 1620 mit dem Sieg der katholischen Partei, begannen politische und wirtschaftliche Unsicherheiten auch auf unser Magdeburg zu wirken. Die durch den Kaiser brutal eingeleitete Gegenreformation in Böhmen ließ auch Befürchtungen für die Glaubensfreiheit der Stadt entstehen. Diese äußeren Unsicherheiten wurden durch zwei Ereignisse im Inneren der Stadt, zum einen durch die Kipper- und Wipperunruhen und zum anderen durch einen Streit der Theologen, reflektiert.

1620 bis 1622 lastete eine drückende Teuerung besonders auf den weniger finanzstarken Schichten der Stadt. Die Münzherren, die das Prägerecht von der Stadt gepachtet hatten, beschnitten die Münzen. Die guten, schweren Geldstücke wurden immer rarer. Der Magistrat, der teilweise selbst in diese gewinnbringenden Geldgeschäfte verwickelt war, unternahm nichts dagegen. In schweren Verdacht war auch Johann Alemann geraten. Im Februar 1621 stürmten daraufhin aufgebrachte Magdeburger Bürger das Haus eines Geldwechslers, bei dem eine große Menge leichten Geldes lag, und plünderten es aus.

Der Prager Fenstersturz auf einem zeitgenössischen Flugblatt 1618 [19]

Die Mitglieder des Magistrats, die den Aufruhr schlichten wollten, wurden mit Steinen ins Rathaus getrieben. Der Rat mußte, durch die Bürgerschaft gezwungen, erlauben, die Häuser der vornehmsten Kipper und Wipper zu stürmen und zu plündern. Diese Unruhen forderten sechs Tote und etwa 200 Verwundete. Sie wurden durch einen Erlaß des Administrators Christian Wilhelm beendet, in dem bei Leibesstrafe die Absetzung der schlechten Münzen befohlen wurde.

Ein weiterer Streit, den Otto von Jena aus mit Interesse verfolgt haben mag, war der um den Didaktiker, Magister Wolfgang Ratke. Der für Reformatoren aufgeschlossene Pastor zu St. Johannis, Andeas Cramer, empfahl dem Rat, Ratke eine Konzession zu erteilen, damit dieser seine neuen Unterrichtsmethoden in den Schulen einführen könne. Der Rat billigte die Konzession im November 1620. Scheinbar konnte Ratke aber seine Versprechen nicht halten. Die angespannten Verhältnisse in der Stadt wurden durch Eingriffe des doch sehr konservativ wirkenden Rates zugespitzt. 1622 verließ Ratke verärgert die Stadt und ging nach Jena an die Universität, wo Otto noch studierte. Es schien, daß die Stadt ihrem Anspruch, eine führende Kraft in der Reformation zu sein, wegen Erschöpfung der Kräfte nicht mehr nachkommen konnte. Eine Erneuerung ihrer inneren Struktur stand auf der Tagesordnung.

Verschlechterung der Münzen durch die Kipper und Wipper, um 1625 [19]

Aber kommen wir erst einmal wieder zu unserer Patrizierfamilie zurück. Am 13. Mai 1623 heiratete Ottos schon über zwei Jahre verwitwete Mutter Anna, 43 Jahre alt, den ebenfalls verwitweten Rechtspraktikanten Christoph Schultze, 46 Jahre alt. In den Personalia von Ottos zukünftigem Stiefvater lesen wir: ... *Anno 1577. den 19. Februarij/ Abendes gegen 5. Uhr/ ist der ... Herr Christoff Schultz ... zu Franckfurth an der Oder/ in diese Welt gebohren worden. Sein Vater sel. ist gewesen/ der Ehrnveste/ Vorachtbar/ und Wohlweiser/ Herr Caspar Schultz/ Weiland RathsCämmerer daselbsten: Und seine Mutter/ die Erbare/ und EhrenTugentsahme Fraw Anna Ritters/ Herrn Burgermeisters Heinrich Ritters ... zu Franckfurth sel. nachgelasssene Tochter: Von welchen beiden der Augßpurgischen Confession zugethanen Christlichen Eheleuten dann/ der ... Herr ... endsprossen ... sein Vater aber Herr Caspar Schultz ist noch desselben Jahrs/ den 5. Septembris zwart selig/ jedoch früezeitig mit tode abgangen/ dardurch die nachgelassene Wittbe und Kinder/ sampt und sonders/ in einen elenden betrübten Wittben- und Weysen standt gestürtzet und vorsetzet worden seind.*
Die Fraw Mutter aber ... alle mögliche mittel angewendet/ dadurch sie dieselben/ beim studiren erhalten/ massen denn auch aus dieser Schultzischen Freundtschafft viel gelahrte leute/ sonderlich innerhalb Siebentzig Jahren Dreyzehen Promoti Doctores, *so* Theologiae *so* Medicinae, *mehrertheils aber* Juris, *entsprossen ... Anno 1596. Nach dem der Herr ... seine* fundamenta Philosophica, & pietatis *uff der Universitet Franckfurt wol geleget/ ist er uff die Universiteten Wittenbergk und Leipzig gezogen/ allda er sich* ad facultatem Juridicam *verwendet/ darin unterschiedene* disputationes *so* publicas, *als* privatas *gehalten/ und ein gut* fundament in utroq; Jure *geleget und erlanget/ hat aber/ zum theil aus mangel der unkosten/ keinen* gradum Doctoratus *annehmen wollen/ sondern sich nach absolvirten Sechsjährigen* Studio, Anno *1602. im Fürstenthumb Anhalt/ bey dem WolEdelgebornen/ und Gestrengen Hans Heinrich von Wütenaw/ in bestallung eingelassen ...*
Demnach aber GOtt der Allmächtige/ durch seinen unwandelbahren Rath An. 1622. solche seine erste Hertzliebe Haußfraw/ durch den zeitlichen todt/ aus dieser Welt selig abgefordert ... hat er sich doch desselben wider erbarmet/ und durch seine sonderbare schickung und providentz/ ihme die Erbare/ und VielEhrenTugentreiche Fraw Annen von Zweydorffin/ des Weylandt Ehrnvesten/ GroßAchtbarn/ Hochweisen/ und Wolvornehmen Herrn Hansen Gericken/ Weilandt Schultheissen und Weltlichen Richters dieser Stadt/ &c. sel. hinterlassene ... Wittbe/ widerumb bescheret/ mit welcher er An. 1623 des Montags nach Michaelis/ dem Christlichen gebrauch nach Hochzeit gehalten/

und 19. Jahr in geruhigen Ehestande gelebet/ aber so wenig in erster/ als in dieser letztere Ehe Leibes Erben hinterlassen ... [21, S. 34 ff.]. Ottos Stiefvater hatte neben einer ausgezeichneten Bildung ein beträchtliches Vermögen. Gemeinsam mit dem Gerickeschen Vermögen wurde es eine Macht in der Stadt. Das zog nach sich, daß sich Ottos Betätigungsfeld bezüglich des Studiums ausweitete. Die Mutter war versorgt. Die Familienangelegenheiten lagen in den festen Händen seines Stiefvaters. Somit ergab sich für Otto die Möglichkeit, die Fremde kennenzulernen.

Auf eindringliches Anraten seines Stiefvaters und des Jenaer Lehrers Daniel Burchard gingen Otto Gericke und sein Kommilitone Andreas Rudolph, Sohn des Magdeburger Baumeisters Michael Rudolph, im Frühsommer 1623 an die Universität Leiden. In Andreas Personalia ist zu lesen: ... *Als er nun hierinnen auch seiner Eltern Genehmhaltung erlanget/ und zum Geferten Herrn* Otto *von Guerik* ... *bekommen/ haben sie ihn zu solchem Ende in Anno* 1623. *über Hamburg zur See nacher Leiden reisen lassen* ... *ein hefftiger Sturm* ... *das Schiff mit grosser Gefahr biß an die Ems* ... *zurück getrieben/ weßwegen er bey Delf=Ziel ausgestiegen/ und zu Lande durch West=Frießland nacher Amsterdam/ und so fort nacher Leiden gereiset/ inzwischen aber die beede Universitäten Gröningen und Franecker besehen* ... [22, S. 35]. Im Leidener Matrikelbuch steht unter dem Datum 23. Juni 1623: ... *Andreas Rudolfi, Magdeburgensis, annorum 22, studiosus iuris. Otto Geerke, Magdeburgensis, annorum 21, studiosus iuris, by Pieter de Witte, op de breed stradt* ... [23]. Sie kamen nach ... *Leyden in Holland* ..., um neben der Jurisprudenz ... *frembde Sprachen/ die* Mathematik, *sonderlich die* Fortification, Geometrie, Mechanische *Künste und dergleichen/ zu erlernen* ... [13, S. 16].

Harry Snelders, Kenner der Entwicklung der Naturwissenschaften in der ersten Hälfte des 17. Jahrhunderts in Holland, beschreibt diese Zeit folgendermaßen: ... *Anfangs richteten die neuen Universitäten und Illustren Schulen des Nordens sich bei den Naturwissenschaften vor allem auf Handels- und Seefahrtskunde aus. Insbesondere jene Naturwissenschaften, welche einen praktisch verwertbaren Ertrag versprachen, wurden mit Macht gefördert. Astronomie, Geometrie und Geographie fanden ... das größte Interesse. Weil die neuen Universitäten nicht mit der scholastischen Tradition ... belastet waren, bekamen hier die Beobachtung und das Experiment als Forschungsmethoden eine gute Chance. Insbesondere stand das Studium der Naturwissenschaften an der Leidener Universität von Anfang an auf einer hohen Stufe. Ab 1585 las Rudolf Snellius als* extraordinarius mathematucus *in den mathematischen Fächern. Sein Nachfolger wurde 1613 sein Sohn* Willebrord Snellius van Royen

(1580 - 1626), dessen Name sich mit dem Gesetz der Lichtbrechung (1621)
verbindet ... Snellius war der - freilich außerhalb des akademischen Rahmens
- erste Leidener Professor, der physikalische Experimente durchgeführt hat ...
[24, S. 15].
Im Jahre 1600 wurde Simon Stevin *von dem Statthalter* Moritz *beauftragt*
einen Lehrplan für eine in Leiden geplante Ingenieurschule zu entwerfen ... Es
wurde zum Gründungsjahr der ersten Ingenieurschule Europas. *... Der Unter-*
richt an der Leidener Ingenieurschule wurde von Gelehrten wie Ludolf van
Ceulen *und* Symon Franszoon van der Merwen *erteilt ...* Symon van der Merwen
unterrichtete Mathematik, sein Kollege Ludolf van Ceulen *Rechnen, Landver-*
messung und Festungsbau. Die Leidener Ingenieurschule war in erster Linie
beauftragt, die niederländische Kriegskunst wissenschaftlich zu fundieren. Aber
nicht nur Militäringenieure sind aus dieser Ingenieurschule hervorgegangen,
sondern auch Landvermesser ... im Zivilberuf ... [24, S. 18].
Wie prägend diese Eindrücke in Holland besonders durch das Studium von
1623 bis 1624 waren, zeigten spätere Ausführungen Otto Gerickes: Seinen
Stadtplan 1632 zeichnete er nach holländischer Methode in holländischen
Maßen, seine eigenen Experimente erlangten Weltberühmtheit, seine Ingenieur-
kenntnisse machten ihn zu einem der ersten, wenn nicht zum ersten ausgebil-
deten Ingenieur in Magdeburg, seine Grundkenntnisse und vielleicht Grund-

Hauptgebäude der Universität Leiden, 1614 [19]

ideen zum kopernikanischen Weltsystem wurden hier herausgebildet, sein Hauptwerk ließ er 1669/72 in Amsterdam drucken. Die Weltoffenheit, das Selbstbewußtsein, die Sparsamkeit, aber auch die Repräsentationsbedürfnisse wurden prägend und blieben unvergessen.

Daneben waren natürlich das Kennenlernen der Kultur vieler Völker und die Vertiefung der Sprachen wesentliche Punkte ihrer Bemühungen. In den Personalia von Andreas steht: ... *In Leiden hat er sich fast zwey Jahr lang auffgehalten/ und nebenst seinem* Studio Mathematico, *worinnen er zum* Informatore *den dazumahl berühmtesten* Mathematicum *in Leiden/ und geschwohrnen Landmesser Herrn Georg Gerstenkorn gehabt/ nicht unterlassen/ zu gelegener Zeit alle Holländischen* Frontir=Plätze *und besonders Bergen* ox Soom *... mit seinen Außenwercken/ samt andern Städten/ auch was sonst denckwürdiges darinnen anzutreffen/ in fleissigen Augenschein zu nehmen: Ist auch bey wehrender solcher Zeit nach London in England geschiffet/ und hat sich selbiger Orthen gleichfalls umbgesehen. Anno 1624. gegen den Herbst/ als die Peste sehr hefftig in Leiden zu* grassiren *angefangen/ hat er sich mit wohlermeldten Herrn von Gvericken und noch einem seiner Landes= Leuthe/ Nahmens Johann Mihe/ in Franckreich begeben/ und unterwegen* Cales, *die* Frontir=Stadt in Franckreich/ Boulonien, Amiens *und* S. Deniis, *da der Königlich Krönungs=Ornat vieler Könige von Franckreich/ und sonst viel* raritäten *verwahret werden/ zu sehen bekommen.*

In Pariß hatte er sich bereits biß in den dritten Monat auffgehalten/ da ihn eines Tages zugleich mit seinen beeden Reise=Geferten/ das quartan=Fieber (Malaria quartana) *überfiel ... auch viel auff Artzney=Mittel gewendet worden/ hat doch deren keines recht anschlagen wollen ... Wordurch er bewogen worden/ seine* intention, *da er sich zuvor vorgenommen gehabt/ fernerweit gantz Franckreich und Italien durchzureisen/ fallen zu lassen/ und sich bey solch einer anhaltenden Kranckheit mit seinen Gefärten den von Guericken wieder auff den Rückweg nacher Holland zu begeben. Weil nun damals von den Spaniern die Stadt Breda belägert war/ wendete er sich nach Printz Moritzens von Uranien Läger / welches er bey Hoeßden geschlagen besahe daßelbige/ und wolte von dar wieder auff Leiden zu gehen: Weil aber die Peste daselbst sehr hefftig* grassiret *... hat er seine alldort zurück gelassene Sachen nacher Amsterdam/ und von dar auff ein Schiff bringen lassen/ sich aber mit dem* Ordinari= Boten nacher Hamburg begeben ...*

Nach diesem hat er sich länger nicht gesäumet/ sondern gerades weges nacher Magdeburg gewendet/ und ist daselbst den 30. Novembr. 1624. (Ottos 22. Geburtstag) im übrigen zwar glücklich/ iedoch mit noch immer anhaltenden quartan-*Fieber/ mit welchem er auff die anderthalb hundert Meilen herum gezogen/ wieder angelanget ...* [22, S. 35 ff.]

Wie war die Situation in unserer Stadt? 1621 und 1623 beschloß der Kreistag des Niedersächsischen Kreises eine Verstärkung der Rüstung, da Tilly an den Grenzen des Kreises stand und mit dem Einfall kaiserlicher Truppen gerechnet werden mußte. Magdeburg verweigerte mehrmals die Zahlung entsprechender Beiträge, wurde vom Kreistag ermahnt und vom Administrator verklagt. Im Niedersächsischen Kreis führend waren König Christian IV. von Dänemark (regierte 1588 bis 1648) und sein Schwager Christian Wilhelm, der vom Kaiser abgelehnte und nicht bestätigte Administrator des Erzstiftes Magdeburg. Die Befürchtungen trafen ein. Mitte Oktober 1625 führte Wallenstein 38 000 Soldaten über den Harz in das Stift Halberstadt und dann in das protestantische Erzstift Magdeburg. Sein Hauptquartier nahm er in Halberstadt, da in Magdeburg eine Pest tausende Einwohner hinwegraffte. Der Administrator floh und ermahnte seine Untertanen vom sicheren Braunschweig aus, ihren Pflichten nachzukommen.

Das Erzstift suchte Schutz beim Kurfürsten von Sachsen, Johann Georg I. (regierte 1611 bis 1656). So unterzeichnete dieser für seinen minderjährigen Sohn August, der in Abwesenheit des Administrators dessen Aufgaben übernahm, 1625 die Kapitulationsurkunde. Allerdings schien dieser Schutz gar nicht notwendig. Die Alte Stadt Magdeburg wurde, gedenk der Weigerung der Zahlungen an den Niedersächsischen Kreis, glimpflich und mit Schonung behandelt. Die Ergebenheit unserer evangelischen Stadt gegenüber dem katholischen Kaiser Ferdinand II. (regierte 1619 bis 1637) brachte Erleichterungen. Die Hansestädte, zu denen auch Magdeburg gehörte, genossen ebenfalls den besonderen Schutz dieses Kaisers. Die strategisch wichtige, am Elbpaß gelegene Stadt wurde sogar umworben. Der kaiserliche Kommissar Graf von Schlick versprach, keine Handlungen gegen die Stadt vorzunehmen, verlangte aber Kontributionen. Am 21. November 1625 traf ein Schreiben des Kaisers selbst ein, das Magdeburg wegen seiner Treue besonderen Schutz sowie Bestätigung und Vermehrung der Privilegien versprach.

In einer 1631 gedruckten ausführlichen *Wolgegründeten Deduction Eines E. Raths und gemeiner Stadt Magdeburg ...* wurde die Situation folgendermaßen beschrieben: ... *Es ist leider mehr als zu viel offenbar/ welcher Gestalt GOtt der Allmächtige/ nach seinem allein weisen Rath und Göttlichen Willen/ wegen der Menschen grossen und ubermachten Sünden/ das heilige Römische Reich und unser liebes Vaterland/ Deutscher nation/ die abgewichenen Jahre/ mit allerhand schweren und harten Straffen/ sonderlich aber langwieriger und*

noch wehrender KriegesNoth/ heimgesuchet und beleget/ solche Kriegslast auch/ im vergangenen 1625. Jahre/ den Niedersächsischen Kreiß/ und fürnemblich das Ertzstifft Magdeburg ergriffen/ Dabey sich aber die Stadt Magdeburg und Magistrat *derselben/ jederzeit also bezeiget/ daß sie sich deßjenigen/ so von der Röm. Käyserl. auch zu Hungern und Böheimb Königl. Majest. ihres allergnädigsten Herrn/ Wiederwertigen vorgenommen/ nicht theilhafftig gemachet/ sondern vielmehr in allerhöchstgedachter Ir. Majest. aller unterthänigsten und trewen* Devotion (dt. Ergebenheit) *beständig verharret/ darinnen auch noch unverrückt zu verbleiben gedencket:*
Wie sie dann solche ihre Trewe und Gehorsam/ nach ihrer möglichkeit/ gegen Ihr Käyserl. Majest. und dero KriegsArmee in viel wege/ ipso facto (dt. durch die Tat selbst), demonstriret, *daß Ihr Majest. deßwegen/ der Stadt ein gutes Zeugnüß gegeben/ und hinwieder alle Käyserliche Gnade/ Schutz/ Schirm/ Erhaltung und Vermehrung ihrer Privilegien und Freyheiten/ auch durch sonderbare* Sinceration (dt. Aufrichtigkeit), *daß sie mit KriegsBeschwerden nicht belegt/ sondern alle das jenige/ was zu derselben/ wie auch aller Erbarn Hanse Städte/ gedeylichen Wohlfahrth unnd Auffnehmen gereichen möchte/ würcklich befürdert/ und also/ bey dem so hochbethewerten Religion: und ProphanFrieden/ gehandhabet werden solte/ allergnädigst versprochen:*
Wie denn ebenmässig der Durchläuchtige Hochgeborne Fürst und Herr/ Herr Albrecht/ Hertzog zu Meckelnburg/ Friedland und Sagan/ der Röm. Käys. May. GeneralObrister Feldhauptmann auch des Oceanischen und Baltischen Meers General etc. so wol Ihr Excell. Herr Heinrich Schlick/ Graff zu Passaw und Weißkirchen/ der Käys. Mayest. GeneralFeldMarschall/ Ferner Ihr Gn. General Obrister Wachtmeister/ Herr Johann Altringer/ Freyherr auf Ober und Nieder Lippa/ etc. und andere ihr Mayest. höchste KriegßOfficirer sie stattlich versichert ... [25, S. 2 ff.]. Der nunmehr akademisch gebildete Otto Gericke lernte diese Personen, Taten und Wirkungen auf die Alte Stadt Magdeburg kennen, als er 1624 in seine Heimatstadt zurückkehrte.

5 Gezogen zum Ratsstuhl der Alten Stadt Magdeburg

In der Zeit der Besetzung des Erzstiftes durch kaiserliche Truppen, der beginnenden noch kleinen, aber größer werdenden militärischen Geplänkel außerhalb der Stadt, wurde Otto Gericke in den Rat gerufen und als einer der Bauherren der Stadt zum Ausbau der Festungswerke herangezogen. Diese notwendige, schwere und verantwortungsvolle Aufgabe wurde wohl planmäßig von den Ratsverwandten vorbereitet. Mit den neuesten Kenntnissen aus Holland und Frankreich fand Otto in dem konservativen, aber praxiserfahrenen Baumeister Michael Rudolph, Andreas Rudolphs Vater, einen guten Partner. Die folgenden praktischen Tätigkeiten werden ihn bleibend prägen. In seiner Selbstbiographie schrieb Otto, sich viel später erinnernd: ... *und habe nach meiner Wiederkunfft, ao: 1626 Jfr: Margreta, H. Jakob Alemanns ... Tochter, geehliget ... Und nachdem ich mich nun, also wesentlich alhier niedergelassen, meines Vaters Sel: Hauß bewohnet, bin ich unlängst darauff zum Raths Stuhl gezogen worden ...* [10, S. 377].

In der somit ausreichend gesicherten Position heiratete Otto, 23 Jahre alt, nun standesgemäß Margaretha Alemann, 22 Jahre alt, am 18. September 1626 in Magdeburg: ... *Es ist die Edle/ und VielEhrenTugentreiche ... Fraw Margaretha Alemannin ... von Gottsfürchtigen/ Vornehmen/ Ehrliebenden Eltern erzeuget/ und in diese Welt gebohren worden. Ihr Hertzliebster Vater ... ist gewesen/ Herr Jacobus Alemann/ Beyder Rechten Doctor/ Fürstlicher Braunschweigischer Geheimbter und Stiffts-Halberstätischer Rath/ auch des Uhralten Käyserlichen Schöppenstuhls allhier Assessor Primarius. Ihre Mutter ... ist gewesen/ Fraw Catharina Alemannin/ Welche Anno 1602. den 13. Septembris/ Wohlermelten Herrn Doctorem Alemann geehliget/ und in wehrendem solchem Ehestande mit ihme 3. Kinder erzeuget/ als erstlich Anno 1603. den 29. Julij/ eine Tochter Annam Mariam/ welche den 17. Maij/ Anno 1611. gestorben. Dann Anno 1605. den 21. Januarij/ diese unsere ... Fraw Margaretam. Und Drittens Anno 1606. Mitwochs in den Ostern einen Sohn Johann Friedrichen/ welcher aber nurt 9. Monat alt worden. Worauff auch unlengst die Mutter/ als den 30. Junij An. 1607. selbst seligen todes verfahren/ also/ das der Herr Doctor aus dieser ersten Ehe/ nurt ... als einige Tochter allein beim leben behalten.*

Und obwohl die Eltern beyderseits eines Geschlechts/ und Blutsfreunde/ mit einander gewesen/ so hat doch solche Ehe nach Göttlichen/ Geist= und Weltlichen Rechten/ ohne Gewissens verletzung/ gantz wohl sein können/ sintemahl sich die Stämme/ davon sie beyderseits entsprossen/ allbereits vor 300. Jah-

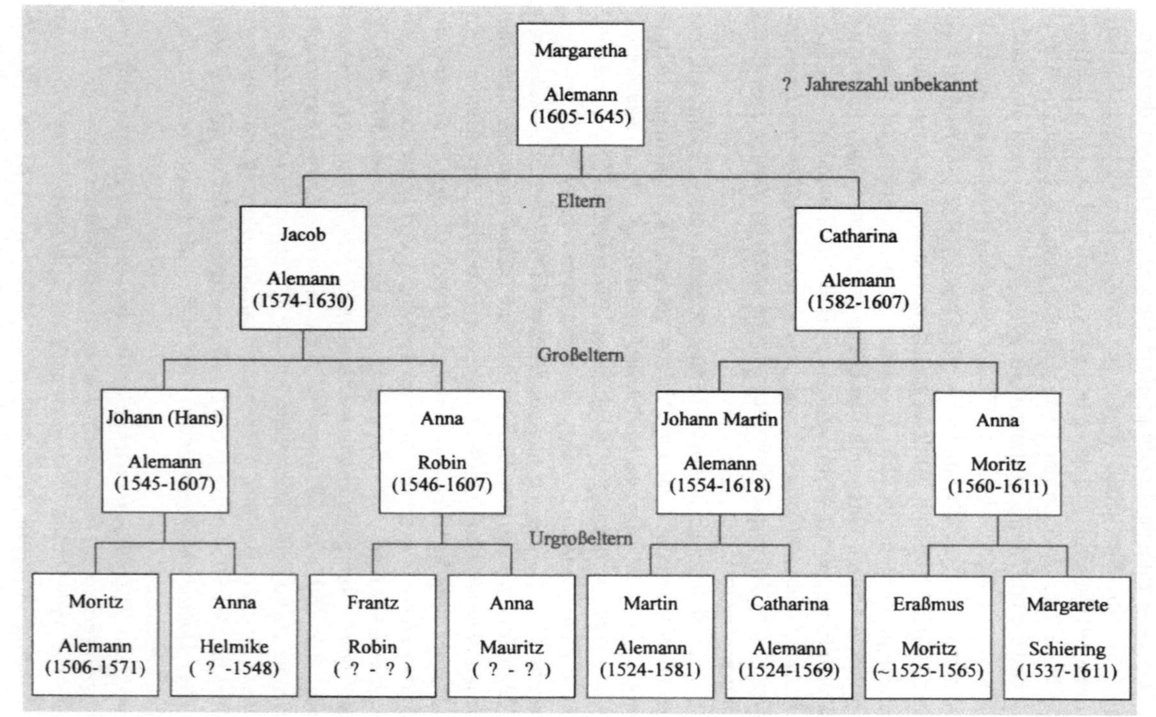

Vorfahren Margaretha Alemanns, der ersten Frau Otto Gerickes [26]

*ren/ von Herrn Heine Aleman/ Weilandt Bürgermeistern allhier/ an/ zertheilet
gehabt haben ...* [26, S. 35 ff.].
Erstaunlich ist, daß Ottos zukünftige Frau ähnlich hieß, wie die erste Frau
seines Vaters, nämlich Margaretha Alemann. Zu ihren Ahnen gehören mehrfach die Alemänner, die Robin, Moritz, Mauritz oder Helmike und Schiering.
Unter ihnen befanden sich sechs Bürgermeister, ein Kämmerer der Alten Stadt
Magdeburg und je ein Sächsischer und Mecklenburgischer Kanzler. Margaretha genügte Ottos und der Gerickes Ansprüchen und war eine würdige Braut.
Weiter erfahren wir: ... *Biß sie Anno 1625. mit beliebung und Rath derselben/
und ihrer nahen Anverwandten/ ihrem EheHerrn ... Ehelich versprochen/ und
den 18. Septembr. Anno 1626. in Volckreicher Vornehmer versamblung/ und
beystandt Chur= und Fürstlicher Abgesandten/ Ehelich vertrawet worden/
damahlich im 22. Jahr ihres Alters. Mit demselben hat sie ... eine recht Christ-
liche/ Friedliche/ Wohlgerahtene Ehe besessen/ in der Haußhaltung getrewe
hülffe geleistet/ das seinige nicht verringert/ seiner jederzeit/ wann es nötig
gewesen/ fleissig gewartet/ und gepfleget/ sie ist ihm auch so wohl mit
Blutsfreundtschafft/ als Schwägerschafft verwandt gewesen/ sonderlich wegen gedachter ihrer Mutter Vaters Vaters/ Herrn Burgermeister Martin
Alemans/ welcher des Herrn ... Groß=Mutter Bruder gewesen ist ...* [26, S. 40
f.]. Alle Kenntnisse, die wir über diese Ehe Ottos besitzen, weisen auf eine
Liebesheirat und gute Ehe hin, obwohl beide von schweren Schicksalsschlä-
gen heimgesucht wurden.
Bald spürten die Bewohner der Alten Stadt Magdeburg die anhaltenden Be-
drängnisse. In einer 1629 verfaßten und mehrmals neu aufgelegten *Deduction*
... [25] wurden diese, die auch sicher die junge Ehe erreichten, deutlich geschildert. Dabei war das Bestreben des Rates, dem Otto ja angehörte, deutlich,
den Status einer freien Handelsstadt hervorzutun und ihre vom Kaiser letztlich
1625 bestätigten Freiheiten und Privilegien ins Feld zu führen.
Im Januar 1626 hatte sich der Administrator Christian Wilhelm, der im Oktober 1625 mit dem Einmarsch von Wallensteins Truppen geflohen war, mit
seiner kleinen Armee dem Grafen von Mansfeld angeschlossen. Am 15. April
1626 erlitten sie bei der Schlacht an der Dessauer Brücke große Verluste.
Mansfeld zog darauf durch Schlesien nach Ungarn. Wallenstein folgte ihm.
Da wollte Christian Wilhelm die Gelegenheit nutzen, Magdeburg im Handstreich zu nehmen. Sein Beauftragter gelangte, von der Zollschanze kommend,
in die Stadt und bestellte den Bürgermeister Johann Dauth zu sich, um den
Einzug der Truppen in die stark befestigte Stadt auszuhandeln. Der Rat ließ
sich nicht überrumpeln und bat um Bedenkzeit.

Dem kaiserlichen General Graf Schlick, der mit seinen Truppen in Rothensee, jenseits der Elbe, lag, war diese Bewegung nicht entgangen. Er drohte mit Angriffen auf die Stadt, wenn diese die Truppen des Administrators aufnehmen würde. Um dessen Einzug zu verhindern, befahl der Rat, die Elbbrücke abzuwerfen. Die kaiserliche Partei im Rat hatte sich durchgesetzt. Aber der Administrator ließ durch seine Truppen den Land- und Schiffshandel empfindlich stören, bis die Heere von Christian IV. am 27. August 1626 geschlagen wurden und die protestantischen Truppen das Erzstift vollständig räumten. Der Katholik Wallenstein, hoch zufrieden mit dem Verhalten des protestantischen Magdeburgs gegen seinen protestantischen Administrator und gegen das protestantische Heer des Niedersächsischen Kreises, war der Stadt und diese dem Vertreter Seiner Kaiserlichen Majestät freundlich gesonnen. Er kam einer lang gehegten Forderung der Magdeburger entgegen: ... *Mit des Hertzogen zu Meckelnburg/ Friedland und Sagan* (Wallenstein) *etc. F. Gn. ist ... von wegen und im Namen der Röm. Käys. ... umb verstattete* demolition (dt. Niederreißen), *etlicher Plätze (wiewol die* tractaten *anfänglich uff die gantzen Vorstädte gerichtet gewesen) in den Vorstädten/ der Sudenburg und Newstadt/ handelung gepflogen/ und wegen allergnädigst und gnädiger* gratification (dt. Landzuweisung), *vermöge der Käyserl.* ratification (dt. Bestätigung), *den 17. Februarii Anno 1628. einmal hundert und drey und dreyssig tausend Reichsthaler verwilliget und versprochen* ... [25, S. 26].
Dieser lang gehegte Wunsch, die Festungswerke um 1000 Schritte (ca. 600 m) weiter in die Vorstädte auszubauen, wurde mit viel Geld erkauft, scheiterte aber teilweise beim Versuch der konsequenten Umsetzung am Protest der betroffenen Neustädter und Sudenburger. So konnte der Bereich nur auf 77 Ruten (ca. 300 m) statt der geforderten 1 000 Schritt ausgedehnt werden [16, S. 48]. Proteste bei Wallenstein änderten aber daran und an der zu zahlenden Summe nichts: ... *Worauff auch Ihr Excell. Graff Heinrich Schlick ... den 28. Martij/ Alten/ und 7. Aprilis Newen Calenders ... mit einsetzung zehen Pfählen/ die an= und außweisung gethan* ... [25, S. 27]. Noch im gleichen Jahr wurden in der Neustadt, neben dem Rathaus, der Ratsschenke und 5 Gildehäusern, 500 Wohnhäuser, 36 Brau-, 5 Backhäuser und 9 Fleischscharrn abgerissen. Gleiches geschah in der Sudenburg. Hier ließ der Rat neben dem Rathaus, der Ratsschreiberei, der Weinschenke, der Roßmühle und 2 Gildehäusern, 125 Bürger-, 24 Brau-, 6 Backhäuser und 12 Fleischscharrn abreißen und somit auch lästige Konkurrenz beseitigen. Damit halbierte die Alte Stadt zwei wichtige Landstädte des Erzstiftes. Es bedeutete eine starke Schwächung des Domkapitels, das der Alten Stadt Privilegien nicht anerkennen wollte.

Worzu dann auch ... endlichen kömmet ... daß ... die Stadt etliche newe/ grosse
und mächtige Pasteyen und Wercke nothwendig auffführen/ und sonsten/ an
der Stadt Vestung/ unterschiedliche Oerther bessern und fortificiren *müssen/*
damit Ihr Käys. Majest. und F. Gn. Befehl und Erinnerung in Verwahrung deß

Das weit bekannte Magdeburger Rathaus vor 1631, nach Priegnitz [28]

Passes/ umb so viel mehr/ folge geschehen können .... *Welches gleicher Ge-*
stalt/ nicht allein viel schwere Dienste und Arbeit der Bürgerschafft/ sondern
auch uberauß grosse Spesen und Unkosten erfordert/ auch nicht wenig Gefahr
darbey gewesen ... [25, S. 28]. Hier öffnete sich für den ehemaligen Studenten
der ersten Ingenieurschule Europas ein Tätigkeitsfeld im vollen Umfang. Wenn
auch unter der Leitung des erfahrenen Baumeisters Michael Rudolph und des
Ingenieuroffiziers Trost, so brachte er doch sein Wissen und seine Kenntnisse
des weithin bekannten und bewährten niederländischen Festungsbaus ein.
Es entstanden neu ... *im Anschluß an das südliche Rondell ein großes Boll-*
werk, der Gebhardt *und an das nördliche, gegen die Neustadt, das* Neue Bollwerk. *Vor dem* Sudenburger, Ulrichs- *und dem* Schrotdorfer Tor *entstanden je*
ein Ravelin, ferner zwischen dem Heydeck *und dem* Ulrichstor *ein Kronwerk*
und vor dem Krökentor *ein Hornwerk. Vorgebaute Fausse brayen (Nieder-*
wälle) verstärkten den Gebhardt, *das Ravelin vor dem* Sudenburger Tor *sowie*
das Neue Bollwerk. *Die von Moritz von Sachsen 1550 am Ostufer der Elbe*
gegen die Stadt angelegte Schanze baute man als Zollschanze *zu einem Horn-*
werk aus ... [27, S. 21].
Den hohen beruflichen Anforderungen bezüglich der Ingenieurtätigkeit, die
unter ständigem militärischen Druck von außen und politischen Kämpfen im
Inneren der Stadt litt, standen neue Anforderungen in Ottos Ehe, die zu einer
kleinen Familie heranwuchs, nicht nach: ... *In solchem wehrenden Ehestande/*
haben sie durch Gottes Segen drey Kinder erzeuget: (1.) Den 15. Octobris/
Anno 1627. Eine Tochter Anna Catharina genandt/ so nur 8. Wochen gelebet:
(2.) Einen Sohn/ auch Otto genandt/ so Anno 1628. den 23. Octobris/ in diese
Welt gebohren ... (3.) Noch einen Sohn/ Jacob Christoph genandt ... 1630 ge-
boren [26, S. 41]. In diesen unsicheren Zeiten Kinder groß ziehen zu wollen,
zeugte zuallererst von einer großen Kraft der Liebe zwischen Otto und
Margaretha und zum anderen von dem ungebrochenen Optimismus beider.
Erschüttert hat sie sicher der frühe Tod Anna Catharinas, ihres ersten Kindes.
Stolz war unsere junge Familie hingegen auf ihre Söhne, die Stammhalter ihres Patriziergeschlechtes.
Die politischen Bedingungen für ihre Heimatstadt spitzten sich weiter zu. Am
Ende des Jahres 1628 erkannte das Magdeburger Domkapitel unter dem Druck
seiner militärischen Niederlagen Christian Wilhelm die Würde eines Admini-
strators ab. Schon im Februar 1626 wählte es den bisherigen minderjährigen,
protestantischen Coadjutor August zum Administrator. Gleichzeitig verbot aber
Kaiser Ferdinand II. mit aller Härte, August zu kören. Der Kaiser wollte seinen Sohn, den Erzherzog Leopold Wilhelm, der 1627 schon zum Bischof von

Halberstadt gekört wurde, auch auf dem Stuhl des Erzstiftes Magdeburg sehen. Die Alte Stadt Magdeburg versuchte, hier Ordnung und Klarheit zu schaffen. 1628 erwirkte eine Delegation der Stadt eine Audienz bei Ferdinand II.: ... *als Anno 1628 an Ihr Käyser. Majestät und deß Hertzogen zu Meckelnburg ... (Wallenstein)/ F. Gn. die Stadt Magdeburg die ihrigen naher Prage abgeschicket/ habend inhalt der Abgesandten Relation/ bey den* Acten, *S. F. Gn. denselben Abend/ als allerhöchstgedachte Ihr Käyserl. Majest. gemelten abgesandten allergnädigste/ und von der Stadt hochgerümbte* audientz *verstattet gehabt/ und dieselben wieder abgetretten/ in der* Ante-Cammer *oder Vorgemach/ darinnen Fürsten/ Graffen/ Herrn/ vom Adel/ und andere hohe und vornehme Personen/ und Ihr Käyserl. Majest. geheimen= Reichshoff= unnd anderen Räthen und hohen Officirern/ so Ihr Majest. auffgewartet/ verhanden gewesen/ genandte Stadt Magdeburg/ gantz Fürst= und gnädigst **wegen Ihrer beharrlichen trewen Devotion/** gerühmet* ... [25, S. 22].
Dieses Lob von höchster Stelle stand aber im krassen Widerspruch zu den Handlungen. So gelang es der kaisertreuen Partei im Rat nur mit Mühen, die sich formierende protestantische Opposition gegen den katholischen Kaiser niederzuhalten. Zu den Führern dieser protestantischen Partei gehörten hauptsächlich der Geheime Kammersekretär Peter Meyer und der Kommandant der Stadt Johann Schneidewind, der 1628 im Zusammenhang mit einem Handstreich Christian Wilhelms abgesetzt worden war, weiterhin der Möllenvogt Samuel Engelbrecht, der Neustädter Bürgermeister Lüderwaldt sowie die Prediger Dr. Gilbertus, Magister Andreas Cramer und Johann Cotzebue. Sie wurden *Dingebankenbrüder* genannt, weil sie sich in der Sudenburger Ratsschenke Dingebank trafen. Sie bildeten den Kern der immer größer werdenden Zahl Unzufriedener in der Bürgerschaft. Ottos Haltung ihnen gegenüber ist bisher nicht ergründet. Dazu kam, daß sich katholische Kräfte etlicher Klöster im Erzstift bemächtigten und selbst in unserer Stadt ähnliche Attacken einleiteten: ... *Wie nun die gute Stadt Magdeburg/ in erweisung ihrer* Officien (dt. Pflichten); *Dienste und Hülffe/ sich jederzeit* devot *erzeiget: Als hat sie auch uberauß grosse unwiederbringliche* damna (dt. Verluste), *Schäden und Beschwerungen deßwegen erlitten und außgestanden. Ist aber einen Weg wie den andern in Ihr Majest. beharrlichen* devotion *verblieben.*
Denn (1.) ist dieses Orths notorium (dt. Gewohnheit) *daß aller der Stadt PfarrKirchen/ so wol der Schulen/ Hospitalien/ und der armen Häuser Intraden und Einkommen/ davon ein Ehrwürdig Ministerium/ Schuel Collegen/ CurrendSchüler und arme Leute/ ihre* respective (dt. erwartete) *Besoldung und Unterhalt Jährlich haben müssen/ auch der gemeinen Bürgerschafft und*

verlässener Wittben und Weisen Einkommen/ zum guten grossen Theil/ in den KornPächten/ Zehenden/ und Renten uffm Lande bestehet ... Es sein aber doch dieselben zurücke blieben/ und haben diejenigen/ so zu einhebung der Contribution verordnet gewesen/ dasselbe gar nicht verstatten wollen/ der Bawersman auffm Lande alles unter sich behalten/ und keine Pächte abgeben dürffen: Dagegen Kirchen/ Schulen/ Hospitalien/ ArmeHäuser/ Wittwen/ Weisen/ unnd Bürgerschafft/ wegen ihrer außwendigen Güter und Pachtäcker/ so sie vormals dem Rath Eydlich verschosset/ nun ins fünffte Jahr/ lehr außgehen und cariren *müssen/ davon sie unverwindlichen Schaden erlitten und empfünden/ auch deßwegen ihre Nothturfft und befügnüß billich vorbehalten ...* [25, S. 28 f.]. Der Ausfall dieser Einnahmen und ihre Wirkung auf die Stadt waren hier am deutlichsten ersichtlich. Ottos Einkommen hatte die gleichen Ursprünge, nämlich Pachten, Zinsen und Zehnte, zum großen Teil aus der Umgebung von Magdeburg. So wurden auch seine Einnahmen stark geschmälert. Er mußte auf eine gute Besoldung durch den Rat drängen, der natürlich, wie dargestellt, ebenfalls nicht genügend flüssige Mittel hatte.

... So hat auch/ (3.) die gute Stadt von anfang dieses Unwesens/ nicht allein/ von Ihr Majest. Wiederwertigen/ sondern auch von etlichen Käyserlichen Officirern/ an ihren Commercien/ Handel und Wandel uberauß grossen Schaden erlitten. In deme von Anno 1625. biß auff Annum 1627. inclusive, *unnd so lange Ihr Käyserl. Majestät Wiederwertigen die Pässe/ im NiederSächsischen Creiß inne gehabt/ die Bürgerschafft gantz keine Nahrung treiben können/ sondern alle Commercien gesperret gewesen ...* [25, S. 31].
Es folgten unverblümte Angriffe auf die wichtigsten und lukrativsten Privilegien der Stadt, was natürlich die Partei des Christian Wilhelm in eine vorteilhafte Position brachte, die reichlich genutzt wurde. Er ließ umfangreiche Versprechungen in der Stadt ausstreuen. Den Aufforderungen der Kaiserlichen, den Umtrieben des Administrators Christian Wilhelm Einhalt zu gebieten, kam der Rat daher nur zögerlich und inkonsequent nach. Der Stern der kaiserlichen Partei in der Alten Stadt Magdeburg begann zu sinken. Beschleunigt wurde dies durch die zunehmenden Kriegslasten, die in beschriebener *Deduktion ...* [25] in zwölf schwerwiegenden Punkten zusammengefaßt wurden. ... *Diese nun unnd andere (12.) unermäßliche grosse Schäden und Verlust/ hat die Stadt und deren Bürgerschafft außgestanden und daher vielmehr/ als andere Städte/ bey welchen/ wenn sie schon Geldt hergegeben und* contribuiret, *doch auch dagegen Nahrung und Handel geblieben/ und ihnen ihre* intraden *worden/ erweget solches aber alles/ ob es wol sehr schwer eingangen/ der Röm. Käys. May. zu Gehorsamb/ und zu Bezeigung ihrer aller Unterthänigsten/ trewesten*

devotion, *mit Geduldt uberwunden ...* ***Daneben aber in guter unfeilbarer Hoffnung gestanden/ solch hochbeschwerliche* pressuren, *dermahl eines/ sich endern und zum bessern und erträglichern Stande gelangen würden ...*** [25, S. 40]. Diese Hoffnung wurde nicht erfüllt. Der Unmut der Bürgerschaft steigerte sich, als der kaiserliche Obrist Altringer im Januar 1629 von der Stadt den Unterhalt eines der kaiserlichen Infanterieregimente verlangte. Der Magistrat lehnte dies ab. Wallenstein wiederholte und verschärfte diese Forderung einen Monat später vergeblich. Also befahl er, gegen alle Abmachungen und Zusicherungen des Kaisers, am 12. März 1629 die Blockade der Alten Stadt Magdeburg. Eine Beschwerde bei Wallenstein in Güstrow und eine zweite beim Kaiser, die wahrscheinlich nicht bis zu ihm vorkam, wurden mit einer weiteren Verschärfung der Blockade beantwortet.

Am 6. März 1629 erließ Kaiser Ferdinand II., ohne Reichsversammlung, das *Restitutionsedikt.* Demnach sollten alle seit 1552 säkularisierten Kirchengüter zurückgegeben und den katholischen Reichsständen gestattet werden, ihre Untertanen (außer Lutheraner) zu rekatholisieren oder zu vertreiben. Das betraf im Niedersächsischen Kreise 120 Abteien, Stifte und Klöster mit einer ungeheuren Wirtschaftsmacht. Hinzu kam, daß die reformierten Stifte, wie die Erzbistümer Magdeburg und Bremen, die Bistümer Minden, Verden, Halberstadt, Camin, Lübeck, Ratzeburg, Lebus, Meißen, Merseburg, Naumburg, Brandenburg und Havelberg, wieder mit katholischen Bischöfen und Prälaten besetzt werden sollten. Das war auch ein schwerer Schlag gegen die Hanse und ihre Städte und löste bei den protestantischen Ständen und Städten nicht nur lebhaften Disput aus, sondern zerstörte die Hoffnung auf Frieden vollständig. Der Fortgang des Krieges wurde durch dieses Edikt nicht nur verschärft, sondern auch auf eine neue Stufe gehoben. Der Anlaß für das Eingreifen Schwedens in den Krieg war endgültig gegeben worden.

Unsere protestantische Alte Stadt Magdeburg bekam das alles verschärft zu spüren. Im Mai wurde von den Kaiserlichen in Fermersleben und Hohenwarte die ohnehin schon stark beeinträchtigte Elbschiffahrt vollständig blockiert, Ladungen aufgehalten und konfisziert. Das hatte einen Aufruhr der Schiffer, Fischer, Schiffsknechte und der mit der Schiffahrt verbundenen Bürger zur Folge, die wiederum kaiserliche Getreideschiffe nach Magdeburg entführten und später noch neun Kornschiffe mit 700 Zentnern Getreide eroberten.

Die häufig recht erfolgreichen Ausfälle der Magdeburger, so gegen das befestigte Cracau und Prester, wurden mit einem engen und stabilen Ring von 13 kaiserlichen Schanzen beantwortet. Die Stadt wiederum verstärkte ihre Garnison, so daß sie größere, sehr erfolgreiche Scharmützel führen konnte. Das zwang

Feldherrenporträt Wallensteins, nach van Dyck [19]

Wallenstein zu Verhandlungen, die unter Leitung des Magdeburger Bauermeisters (Leiter des Burdings) Johann Alemann, eines Bruders der Schwiegermutter Ottos, standen. Dieser war seit 1625 Hauptvertreter der kaiserlichen Partei und seit 1626 Kaiserlicher Statthalter auf dem Neuen Markt, also im Bereich des Administrators. Die Zahlung von 300 000 Thaler Entschädigung, die Wallenstein zuerst forderte, wurde von den städtischen Gesandten abgelehnt. Die Forderungen wurden auf 50 000 Thaler reduziert. Schließlich zahlte die Stadt 10 000 Thaler als Entschädigung für das entwendete Getreide.

Am 27. September 1629 konnte nach 28 Wochen Belagerung, die auf der Seite der Stadt 136 Tote und auf kaiserlicher Seite etwa 2000 Tote forderte, der Waffenstillstand verkündet werden. Am 29. des gleichen Monats wurden die Stadttore geöffnet und eine öffentliche Danksagung von der Kanzel gehalten. Dieser zweite augenscheinliche Sieg über die Kaiserlichen war wichtig für das ausgeprägte Selbstbewußtsein der Magdeburger Bürgerschaft. Ihre militärische und ökonomische Schwächung war aber groß, was auch die Schutzherren Andreas Grote und Otto Gericke erkannten, die die Aufsicht über die Festungsanlagen, das Zeughaus, die Kriegsvorräte sowie über die Bauten der Stadt führten. Außerdem zogen die kaiserlichen Tuppen nicht nur wegen der Magdeburger Erfolge, sondern auch wegen der dortigen schwedischen Bedrohung nach Pommern und Mecklenburg. Der äußere Frieden um die Alte Stadt Magdeburg schien hergestellt.

6 Belagerung, Eroberung und Zerstörung der Alten Stadt

... Ob nun wohl - nach dem durch des Allerhöchsten gnädige Verleihung und der E. Hansastädte ansehnliche Interposition (dt. Vermittlung) *der oft vorgemeldete kaiserliche Kriegsgeneral die Bloquirung wieder fallen, Pässe und Straßen eröffnen und die um und um gemachten Schanzen und Reduiten demoliren und schleifen lassen - dieser Plenipotenzier Amt und Beruf allein und bis so lang dieselbe Bloquirung und Kriegslast währen möchte, angesehen gewesen: so hat jedoch nachmals der Rath, sie zu cassiren und abzusetzen, vor dem gemeinen Mann sich's nicht unterstehen dürfen, sondern sie haben ihre Zusammenkünfte in der Weinschenke zur goldenen Krone* (Breiter Weg 154) *und anderer Häusern ferner gehalten, einen* Doctorem juris *vom Neuen Markte* (Adolph Marcus) *sammt den Viertelsherrn und andern Bürgern mehr zu Rathe gezogen ...* [30, S. 8].

So schätzte Otto Gericke, Ratmann der Alten Stadt Magdeburg, die Situation nach dem Ende der Belagerung ein. Diese zitierten Aufzeichnungen Gerickes wurden von Friedrich Wilhelm Hoffmann unter dem Titel *Geschichte der Belagerung, Eroberung und Zerstörung Magdeburg's von Otto von Guericke*, 1874 in erster und 1887 in zweiter unveränderter Auflage herausgegeben. Somit haben wir in Otto Gericke einen Augenzeugen, der aus persönlicher Sicht, aber mit großem Hintergrundwissen, die Ereignisse von 1629 bis 1631 hautnah miterlebte. Folgen wir seinen persönlichen Aufzeichnungen ... *davon ... eine gantze vollkommene Beschreibung mit grossem Fleisse auffgesetzet/ so noch wohl zum Druck befodert werden dörffte ...* [13, S. 18]. Hier betätigte sich unser Otto als Geschichtsschreiber. Von den drei Bänden Magdeburger Geschichte von ca. 1500 bis 1650, die er bearbeitet hat, ist leider nur dieser zweite Band über den Zeitraum 1629 bis 1631, wahrscheinlich durch eine Abschrift, überliefert.

Wer waren nun diese oben genannten inneren Unruhestifter, die *Plenipotenzier*, die, zu deutsch, freie Hand zur Erledigung einer Angelegenheit oder unumschränkte Vollmacht hatten? Otto schrieb: *... Solcher und anderer dergleichen Mißverständnisse halber der Rath zu verstatten und zu willigen keinen Umgang nehmen können, daß zur selben Zeit (1629) die Bürger aus jedem Viertel der Stadt eine Person, und also insgesammt 18 Personen - so man Plenipotenzier genannt - dem Rath zugeordnet haben, als die da zugleich mit und um alle der Stadt Sachen wissen, der Bürgerschaft Beschwerden dem Rathe vortragen und also wegen ganzer Gemeine nebst dem Rathe bevollmächtigt sein und Plenipotenz haben sollten, daß der Rath, Ausschuß und Hundertmannen ohne deren*

Wissenschaft und Vollwort (Zustimmung) *nichts schließen noch effectuiren* (dt. ausführen) *dürfen oder mögen ...* [30, S. 8].
Diese *Plenipotenzier* waren also ein Kontrollorgan der Bürgerschaft, besonders gegenüber dem aus ihrer Sicht zu kaiserfreundlichen Rat. Sie hemmten natürlich den normalen Ablauf der Entscheidungsfindungen im Rat, sorgten aber dafür, daß der Einfluß breiterer Kreise der Bürgerschaft geltend gemacht wurde: *... Auch solches nicht füglicher geschehen noch gut Vertrauen wieder aufgerichtet und die Stadt in bessern Stand gesetzet werden könnte, als wenn der alte Rat, so zu weitläufig, eingezogen, enger gemacht, und ein beständiger dagegen erwählet und verordnet würde ...* [32, S. 14].
Worauf dann die Abgesandten der Hansastädte etwa im Februar des folgenden 1630. Jahres auf Befehl ihrer Obern zu Magdeburg wieder angelangt und in den Gasthof zum goldnen Arm (Breiter Weg 149) einlogirt sind, denen dann von oftgedachten Plenipotentiariis, wie auch wohl von Theils des Rathes selbst und andern Bürgern, nicht allein die obberührten Mißhelligkeiten sattsam mögen entdeckt ... Ob nun bei theils Leuten die Affecten mit untergelaufen, daß sie etwa etlichen des alten Raths nicht wohl gewollt, aber andere Gestalt die nicht aus dem Rathsstande bringen können, steht dahin; gleichwohl sind auch Viele gewesen, so allein der gemeinen Stadt Bestes darunter gesuchet und nur die Innungen und daraus herfließende große Weitläufigkeit beim Rathe abzuschaffen vermeinet haben, wie es denn auch endlich - zwar durch der Herren Abgesandten schweres und langwieriges Bemühen - mit des damals regierenden Raths und der ganzen Bürgerschaft Consens (dt. Übereinstimmung) und Willen auf Maß und Weise vermittelt, beliebt und verglichen worden, wie solches die darüber aufgerichteten Recesse (dt. Vergleiche) mit mehrerem besagen. Womit also der alte Rath und Herren Gesandten das Regiment - so nach der alten Form eben 300 Jahr gestanden - dem neuen Rathe überlassen haben ... [30, S. 9 ff.].
Die Abgesandten, die von den Hansestädten im Dezember 1629 benannt wurden und am 29. Januar 1630 eintrafen, stellten *Mißbräuche, Unordnung, Wust, großen Mißverstand* fest, so daß eine neue Wahlordnung und ein neuer Rat notwendig wurden. Dies geschah aber gegen den Kern des alten Rates, da dessen Mitglieder in den neuen Rat nicht wiedergewählt werden sollten. Der durch die hanseatischen Gesandten auf Druck der Plenipotenzier abgesetzte alte Rat, zu dem auch der Ratmann Otto Gericke gehörte, verfaßte am 17. März 1630 und am 19. Januar 1631 Protestschreiben, die von einer erzwungenen Ablösung und von einem allem Recht hohnsprechenden Verfahren berichteten. Die Spaltung in der Stadt blieb also erhalten und verschärfte sich. So

war Johann Alemann bei Einsetzung der *Plenipotenzier* aus der Stadt geflohen. Seine Habe wurde beschlagnahmt.

Eine Folge aller dieser Auseinandersetzungen war der Bruch mit der 300 Jahre alten Ratsverfassung und der Sturz des alten Rates. Die neue Wahlordnung für die Ratsherren lautete nun: ... *Die Herren Bürgermeister und Kämmerer wählet E.E. Hochweiser Rath selber nach Gutachten aus dero Mitteln. Mit der Wahl aber einer Rathsperson, so ferne eine Stelle erlediget, gehet es also zu: E. E. Hochweiser Rath läßt durch einen schriftlichen Befehl allen 9 Viertelsherren und Innungsmeistern andeuten, daß sie ihre Viertel und Innungen des Morgens vor Tage, gemeiniglichen mit angehender Fastenzeit, in der Stille versammeln und aus jedwedem Viertel und auch aus einer jeden Innung eine geschickliche Person zu einem Köhr- oder Wahlherren auf das Rathhaus bei Zeiten schicken soll ... und werden einem jedweden dazu deputirten Köhrherren zwei Personen aus derselben Mittel darzu mitgegeben, welche denselben auf das Rathhaus bringen und dem Rathe solchen präsentiren müssen.*

Wenn nun die Zahl der Wahlherren beisammen, werden sie in eine Stube gebracht, in welcher sie knieend vor dem Tische einen sonderlichen zur Wahl eingerichteten, unparteiischen Eid schwören, hernach in selbiger Stube ziemlich weit von einander gesetzet werden, damit keiner mit dem andern heimlich reden oder seine unter dem Huede (Hut) auf einem kleinen Teller gemachtes signum zur Wahl oder Unwahl sehen könne ... und so fern kein sonderliches Bedenken darüber vorfällt, werden die erwählten Rathsherren des andern oder dritten Tages vom Rathe vorgefordert, vereidigt und an ihre gewöhnlichen Sitze angewiesen und sind die Köhrherren alsdann bis auf den Punkt der Verschwiegenheit ihres Eides erlassen ... [33, S. 11 f.].

Somit war es möglich, daß neben den Innungen auch die Viertel ihre Kandidaten in den Rat bringen konnten. Entscheidend für die Wahl waren also die Körherren. Die Namen der ersten 18 Körherren für die Wahl des neuen Rates sind überliefert: *1. Johann Caulitz, Wardein* (dt. Münzprüfer); *2. Bastian Beyer, Krämer; 3. Andeas Lau, Schöffenschreiber; 4. Nickel Neve, Barbier; 5. Moritz Piverling, Holzhändler; 6. Heinrich Schönberger, Bortenmacher; 7. Adam Emicke, Kürschner; 8. Georg Pilz, Gastgeber; 9. Friedrich Bars, Wirt; 10. Joachim Krüger, Brauer; 11. Balthasar Walther, Lohgerber; 12. Andreas Schöne, Brauer; 13. Friedrich Bauermeister, Handelsmann; 14. David Kehler, Breuhanbrauer; 15. Georg Belitz, Bierschank; 16. Peter Lorenz, Seiler; 17. Christoph Brockmann, Schiffer; 18. Gregorius von Döhren, Gewürzhändler* [32, S. 134]. Die Wahlen der neuen Ratsherren für die Alte Stadt Magdeburg fanden am 10./20., 13./23. und 15./25. Februar 1630 im Rathaus statt. Es waren 24 Ratsherren und 50 Ausschußmitglieder zu wählen. Dazu hatte es 140 Abstimmungen bedurft, um ein befriedigendes Ergebnis zu erzielen. Die hanseatischen Gesandten waren über das Wahlergebnis *höchst verwundert und sogar bestürzt.* Drei Gewählten mangelte es an wesentlichen Voraussetzungen für das Amt. Sie wurden dafür nicht zugelassen. Der Stadtarzt Dr. Valentin Rupitz und der Stadtsyndikus Dr. Johann Denhardt lehnten die Übernahme ihres Wahlamtes ab. Auf Empfehlung und gewissen Druck der hanseatischen Abgesandten gehörten zu den fünf Nachgewählten Martin Brauns, Georg Kühlewein, Oswald Matthias, Otto Gericke und Peter Eichhorn. Das läßt den Schluß zu, daß die Gerickes, wie ihre Ratsverwandten Kühlewein und Alemann, zur gut kaiserlichen Partei gerechnet wurden. Diese Fünf und der schon bestätigte Johann Heinrich Westphal gehörten bereits dem alten Rat an. Die nunmehr gewählten 24 Ratsherren wurden in den *Regierenden und den Ruhenden Rat* geteilt. Der Wechsel erfolgte jährlich. Im Regierenden Rat wechselten die beiden gewählten Bürgermeister zusätzlich halbjährlich. So ergaben sich mit der Wahl für die wichtigen Jahre 1630 und 1631 folgende Ratmannen und Funktionen:

Regierender Rat 1630:	**Regierender Rat 1631:**
Martin Brauns, Bürgermeister	*Georg Schmidt, Bürgermeister*
Georg Kühlewein, Bürgermeister	*Johann Heinr. Westphal, Bürgermeister*
David Lentke, Kämmerer	*Oswald Matthias, Kämmerer*
Hermann Körver, Kämmerer	*Franz Kalvörder, Kämmerer*
Dietrich Brewitz, Ratmann	*Matthias Helwich, Ratmann*
Kaspar Steinbeck, Ratmann	*Conrad Gerhold, Ratmann*
Andreas Grosse, Ratmann	*Stephan Lentke, Ratmann*
Johann Buschow, Ratmann	*Andreas Lau, Ratmann*
Johann Fricke, Ratmann	*Peter Eichhorn, Ratmann*
Otto Gericke, Ratmann	*Johann Henning, Ratmann*
Johann Peetz, Ratmann	*Georg Pülz, Ratmann*
Matthias Baurmeister, Ratmann	*Franz Schooff, Ratmann* [32, S. 17].

Martin Brauns und Georg Kühlewein, Schwager von Johann Alemann, galten als gut kaiserlich, die Mehrzahl aber als gut schwedisch. Der bisherige Rat weigerte sich, die Neugewählten durch Glockenschlag und Burding auszurufen. In Abwesenheit des alten Rates übernahmen dies die hanseatischen Abgesandten. Alle schworen öffentlich den ... *Eydt derer Raths-Menbrorum in der alten Stadt Magdeburg:*
Ich gelobe und schwere/ daß ich der Stadt und gemeinen Bürgerschafft zu Magdeburg/ nach meinem besten Verstande und Vermögen/ in allen was mir

itzo oder künfftig vom Raths=Wegen anvertrauet und aufgetragen wird/ will getreulich fürstehen/ GOttes heiliges Wort/ dieser Stadt Ehre/ Frey= und Gerechtigkeit/ gemeinen Nutzen und Frommen erhalten und befördern/ was deme zuwidern ist/ nach Möglichkeit/ wehren und abwenden/ die heylsamen Justiz und was recht ist/ ohne Ansehen der Person/ dem Armen wie dem Reichen sprechen und mittheilen/ in Sachen/ so vor dem Rathe gehandelt werden/ keiner Parthey dienen/ die Aemter/ so mir wegen gemeiner Stadt anbefohlen werden/ treulich verwalten/ davon jährlich richtig=spezificirte Rechnung thun/ und da alsdann an gemeinen Stadt=Geldern noch etwas bey mir vorhanden/ dasselbe zugleich ausantworten/ und daran seyn/ daß von anderen dergleichen geschehe/ ich will auch der Stadt Bücher und Briefe bey der Stadt behalten/ dieselbe nicht verwahrlosen/ noch von Handen kommen lassen/ und was ich von dieser Stadt Heimlichkeiten erfahren/ oder sonsten im Rath/ oder meinem Amte vorfället/ und mir zu hehlen gebühret/ verschwiegen bey mir behalten/ und solches sammt und sonders wie gemeldet/ will ich nicht unterlassen/ um Geschenke und Gaben/ Verheißung/ Gunst oder Ungunst/ Freund= oder Feindschafft/ oder einiger anderer Ursachen wegen/ wie die seyn mögen/ so wahr mir GOtt helffe/ durch seinen Sohn JEsum Christum ... [33, S. 12]. Auch unser Otto Gericke leistete diesen Schwur auf die Stadt. Er war wieder, wenn auch auf Umwegen, in den neuen Rat hineingekommen. Gerade das muß für seine fachlichen Kenntnisse als Bauherr sprechen. Außerdem waren mit Georg Schmidt und Georg Kühlewein zwei ältere Verwandte im Rat, die sicher für ihn sprachen.

Die Opposition hatte somit den bisherigen Rat gestürzt. Die Hoffnung auf Sicherheit der Erwerbsquellen und Senkung der Belastungen war groß. Wie würde dieser Rat in den folgenden schicksalsschweren Jahren den Weg der Alten Stadt Magdeburg lenken und leiten? Die Getreidezufuhr blieb gesperrt. Herumschwärmende Söldner beraubten Reisende und Händler, die sich der Stadt zuwandten. Auch die Überfälle auf Bürger der Stadt, wenn sie zur Feldarbeit deren Mauern verließen, trugen zur weiteren Verbitterung bei. Ein gewaltiger Anschlag auf die Rechte der Stadt wurde durch die Einsetzung des Erzherzogs Leopold Wilhelm, Sohn von Kaiser Ferdinand II., zum neuen Administrator des Erzstiftes verübt. Mit seiner Entsendung sollte das Restitutionsedikt durchgesetzt werden. Am 7. April 1630 riefen die kaiserlichen Räte das Domkapitel und die Landstände nach Halle. Am 5. Mai leisteten die Stadt Halle, am 6. Mai die übrigen Städte und die Ritterschaft des Saalekreises und am 8. Mai zu Wolmirstedt die Ritterschaft der Holzlande ihr Homagium (dt. Lehnseid). Unsere Alte Stadt Magdeburg lehnte die Huldigung ab. Sie wollte den Kaiser und die Hansestädte konsultieren, bevor sie weitere Schritte unternahm. Als Antwort ließ am 6. Juli 1630 der kaiserliche Hofrat Hämmerl ein offenes Mandat in der Stadt anschlagen, nach dem bei Strafe der Acht alles Katholische zurückgegeben, die evangelischen Domherren, Stiftsgeistlichen und Vikare der Stadt kassiert sowie Magdeburg eine Landstadt werden sollte. Nach dem erfolglosen militärischen Angriff und der ökonomischen Abschirmung erfolgte nun ein direkter Angriff auf die Religionsfreiheit der Stadt. Das stärkte die schwedische Partei und brachte ihr den entscheidenden Zulauf, so daß die Bürger forderten, die Kaiserlichen in der Stadt entscheidend zu schwächen.

Auch die militärische Situation der Stadt veränderte sich. Am 24. Juni 1630 landete Gustav II. Adolf, Schwedischer König und *Schutzherr aller Protestanten*, auf Usedom. Es begann der Schwedische Krieg. Gustav II. Adolf trat seinen Siegeszug durch Deutschland an. Die Stellung des Markgrafen Christian Wilhelm erhielt somit eine größere Bedeutung. Er war mit dem Schwedischen Königshaus direkt verwandt. Gustav II. Adolfs Frau, Maria Eleonora von Brandenburg, war eine Nichte Christian Wilhelms. So kam der abgesetzte Administrator am 27. Juli 1630 heimlich nach Magdeburg zurück, um diese brisante Situation für seine Interessen zu nutzen. Er verhandelte mit den Führern der schwedischen Partei (Pöpping, Johann Stalmann, Johann Schneidewind, Kaspar Steinbeck) bei Christoph Schultze, dem Stiefvater Ottos. Erst am 29. Juli wurde die Ankunft Christian Wilhelms nach intensiven Beratungen bekanntgegeben. Am 1. August traf sich eine Delegation des Rates (Bürgermeister Martin Brauns und Georg Schmidt, Syndikus Dr. Johann Denhardt sowie die Ratsherren Conrad Gerhold und Johann Buschow und wohl auch unser Otto) mit dem Administrator. Nach kurzer Verhandlung beschloß der Rat nach Aussagen Gerickes ... *bestürzet, verblaßet und übereilet* ... zur Beförderung des allgemeinen evangelischen Wesens, daß der Elbpaß in Magdeburg für Gustav II. Adolf offengehalten würde. Ein Generalrezeß wurde unterzeichnet, der sich zwar nicht ausdrücklich gegen den Kaiser richten sollte, praktisch aber eine offene Kampfansage an die kaiserliche Armee war.

Schon am 2. August 1630 stellte der Markgraf mit Unterstützung der Viertel eine kleine Armee auf, die am 2. August Wolmirstedt, am 4. August Calbe sowie am 7. September das Schloß Mansfeld eroberte. Die Kaiserlichen wurden auf dieses kleine Heer aufmerksam und zogen ihren Ring um die Alte Stadt Magdeburg immer enger. Christian Wilhelm bewegte sich daraufhin mit 2000 Mann zu Fuß und 200 zu Roß in die Vorstädte zurück, um die Alte Stadt nicht zu belasten.

Am 14. September 1630 unterzeichnete der Rat die Kapitulation mit dem nun von ihnen anerkannten Administrator Christian Wilhelm. Damit wurden nicht nur Erzherzog Leopold Wilhelm und Kaiser Ferdinand II., sondern auch Herzog August und dessen Vater Johann Georg I., Kurfürst von Sachsen, brüskiert. Das Schreiben des Kaisers ließ nicht lange auf sich warten. Datiert vom 14./24. September, verlangte es, den Markgrafen unverzüglich aus der Stadt zu werfen und jede Unterstützung für ihn einzustellen. Das weitläufige Antwort- und Entschuldigungsschreiben war mit vielen Klagen aus der schon zitierten *Deduction* gefüllt und sprach die Verantwortung einzig und allein dem Markgrafen zu. Die Stadt wurde aber von den Schweden weiter gestärkt. Im November 1630 kam der schwedische Hofmarschall und Obrist Dietrich von Falckenberg, verkleidet als Schiffer, nach Magdeburg. Er übergab mit einem Begleitschreiben die von Gustav II. Adolf unterzeichnete und besiegelte Kapitulation und übernahm den Oberbefehl über die Truppen in der Stadt.
Nach der Entlassung Wallensteins aus den kaiserlichen Diensten wurde Tilly Ende November führender Feldherr der Kaiserlichen. Ein Brief vom 19./29. Dezember teilte dies dem Rat der Alten Stadt Magdeburg mit, forderte die Stadt auf, sich umgehend zu unterwerfen, und drohte, falls das nicht geschehe, mit dem Untergang Magdeburgs. Die Antwort des Rates vom 17./27. Januar 1631 war hinhaltend. Magdeburg habe nie den Gehorsam gegen den Kaiser verletzt, sei aber von den Kaiserlichen arg bedrängt worden und bitte um die Abstellung der Beschwerungen. Ein geheimer Versuch Pappenheims, durch glänzende Versprechungen Falckenberg abzuwerben, mißlang. Tilly, der nach einigen erfolgreichen Scharmützeln gegen Gustav II. Adolf Mitte März in das Erzstift zurückkehrte und in Möckern sein Hauptquartier bezog, machte nunmehr Ernst mit der Stadt. Er rückte von Pechau aus vor und eroberte Anfang April die Schanzen *Trutz Pappenheim* und *Trutz Tilly*, desgleichen die Schanze bei Prester. Pappenheim eroberte Buckau auf der Westseite der Elbe. Die Verluste für die Stadt mit etwa 500 Toten waren erheblich.
Nun trat ein besonderer Umstand für das Schicksal Magdeburgs ein. Die Schweden bedrängten und belagerten hart die befestigte Stadt Frankfurt an der Oder. Tilly eilte den Belagerten mit seinen Truppen zur Hilfe, mußte aber, in Brandenburg angelangt, die Eroberung Frankfurts durch die Schweden am 3. April zur Kenntnis nehmen. Die versprengten kaiserlichen Truppen, die zu ihm stießen, berichteten über schwedische Greueltaten und darüber, daß die Schwedischen die Stadt angezündet und fast abgebrannt hätten. Tilly kehrte, diese Nachrichten nutzend, mit seinem Heer unverzüglich nach Magdeburg zurück, um mit vollem Nachdruck die Belagerung der Alten Stadt Magdeburg zu einem

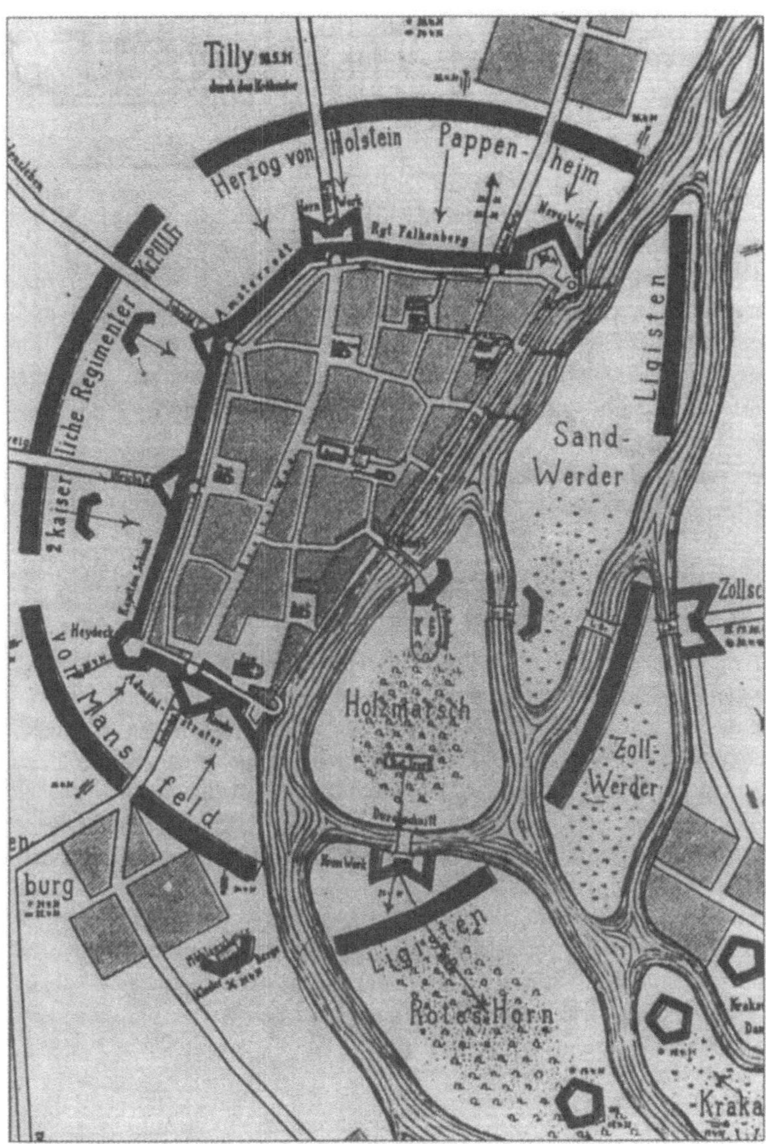

Plan der Belagerung Magdeburgs durch die Kaiserlichen, nach Kowalke, 1631 [4]

erfolgreichen Ende zu bringen. Er stand zudem noch unter dem Druck der nachrückenden schwedischen Truppen unter Gustav II. Adolf.

In der Zwischenzeit wurden durch die Falckenbergischen die Schanzarbeiten, besonders an den Elbbrücken, fortgesetzt. Obrist-Leutnant und Ingenieur Trost war hierbei der Fachmann, der sicher auch den Rat des Schutz- und Bauherren Otto Gericke gern hörte. Tillys Heer wuchs durch den Zustrom der Truppen, die die Schweden vor sich hertrieben, auf über 33 000 Mann zu Fuß und 9 000 zu Roß an. Aber seine Angriffe auf die Stadt waren nicht zwingend. Sie wurden von dem vorsichtiger werdenden Falckenberg ohne große Verluste abgeschmettert. Der erste Sturm der Kaiserlichen auf die Stadt forderte am 15. April zu Lande 200 und zu Wasser 300 Tote beim kaiserlichen Heer. Ein weiterer Sturm auf die Zollschanze wurde ebenfalls erfolgreich zurückgeschlagen. Der Druck auf unsere Stadt wuchs aber nach und nach. Die Belagerung zeigte ihre Wirkungen.

Die Magdeburger demolierten die Vorstädte vollständig, Sudenburg am 21. April und Neustadt am 23. April, damit diese dem sich nähernden Feind keine Deckung geben konnten. Die hier lebenden Soldaten und Bürger wurden in die Alte Stadt aufgenommen und verpflegt. Am 24. April 1631 besetzten die Posten den Wall, was die unmittelbare Belagerung der Stadt für jeden Bürger sichtbar machte. Die Stadt verfügte insgesamt über 2 000 Mann zu Fuß und 250 Mann zu Roß aus dem Falckenbergischen Regiment.

Am gleichen Tag sandte Tilly einen Trompeter mit Schreiben an den Rat, an Falckenberg und an den Administrator in die Stadt. Der Rat antwortete am 2./ 12. Mai, wies den Vorwurf der Rebellion gegen den Kaiser zurück, schilderte die Verfolgung von Mißgünstigen, fühlte sich abgeschnitten, in Religionssachen arg zugesetzt und rief die Kurfürsten von Sachsen und Brandenburg sowie die Hansestädte als Vermittler an. Diese verzögernden diplomatischen Züge wurden aber von Tilly unterbunden. Der Rat geriet unter Druck. Ein Brief Johann Alemanns von seinem Gut in der Nähe Schönebecks wurde durch Bürgermeister Georg Kühlewein vor dem Rat verlesen. Darin warnte Johann Alemann vor der kommenden Erstürmung der Stadt und forderte zu einem Vergleich mit Tilly auf. Seit dieser Zeit hieß er *Alemann der Verräter*. Aber man achtete nicht auf die Warnzeichen. Denn Gustav II. Adolf stand schon in Potsdam, wie am 6. Mai gemeldet wurde.

Der Sturm auf die Stadt, als Folge der Uneinsichtigkeit und Hartnäckigkeit gegenüber Tilly's Angeboten, kündigte sich an. Es setzte ein Bombardement von Geschossen der Kaiserlichen ein, das vom 7. bis 9. Mai dauerte. 1200 bis 1800 Kugeln wurden auf die befestigte Stadt abgeschossen, konnten aber kei-

nen entscheidenden Schaden anrichten. Die Kugeln und das dazu benötigte Pulver stammten aus Hamburg und Braunschweig. Am 8./18. Mai 1631 ließ Tilly dem Rat unter Druck der heranziehenden Schweden eine letzte Aufforderung zukommen, sich zu ergeben. Was nun geschah, lassen wir unseren Augenzeugen Otto Gericke, der als Schutz- und Bauherr beim Rat über mangelnde Pulvervorräte klagte, berichten: ... *Der Rath ist des angeregten 9 / 19 Tages Mai zu Nachmittage, wiewohl in geringer Zahl, abermals wiederum zusammen gekommen, da dann unter andern vom Autore (Otto Gericke) berichtet worden, daß nunmehro die Sturmpfähle aus dem Bollwerk bei der Neustadt entlangs der Face ganz ausgegraben und also die in der* Fausse braye *liegende Besatzung alle Stunde und Augenblick vom Feinde überfallen werden könnte; derowegen man eine Resolution fassen müsse, damit es nachmals nicht zu spät falle &c.*
Darauf der Syndicus Dr. Johann Denhardt *geantwortet: er wäre nicht allein des Raths, sondern der ganzen Stadt Syndicus und müsse nach seinem besten Verstande und wegen so vieler tausend hierunter* Periclitirenden (dt. riskierter) *Wohlfahrt reden. Was dann gleichwohl die Stadt machen wolle, wenn sie kein Pulver mehr hätten, und sonst dem Gegentheil nicht widerstehen könnte, also daß man sie bis auf den Wall kommen lassen müsse. Der Rath solle es bedenken, und so viel Menschen nicht in den äußersten Ruin und in Gefahr stürzen &c. Also ist von denen damals beisammen gewesenen Rathspersonen wiederum votirt, und daß man zum Tilly schicken und tractiren wolle, geschlossen, auch Raths wegen Autori (Otto Gericke) solches alles nebst dem,*

Sturm der Kaiserlichen auf Magdeburg mit brennenden Vorstädten, 1631 [11]

was er wegen des Feindes Avantagi (dt. Vorteile) *gesehen, an den* von
Falckenberg *zu hinterbringen, aufgetragen und anbefohlen worden* ... [30, S.
75 ff.]. ... *Hierauf hat Hr.* Falckenberg *Anordnung gemacht, daß noch gegen
die Nacht ein Ausfall geschehen und die Kaiserlichen des Ortes vom Walle
und aus dem Graben getrieben werden sollten, welches aber ganz verblieben
und zu keinem Effect gekommen. Die Ursachen zwar sind unbewußt, jedoch so
dieser Ausfall wäre zu Werke gerichtet worden, hätten dadurch die Kaiserlichen in ihrem Vorhaben - weil sie, wie man auch nach der Eroberung von
ihnen vernommen, desselben Abends die Sturmleitern angesetzt und alles zum
Anlauf fertig gemacht gehabt - ohne allen Zweifel große Confusion und
Verhinderniß bekommen u. s. w.*
Sonst hat auch des gedachten Abends der von Falckenberg *den regierenden
Bürgermeister ersuchen lassen, daß in der Sache, die vorhabende Tractation*
(dt. Vertrag) *und Accord* (dt. gütliche Einigung) *betreffend, ohne sein Wissen
nichts vorgenommen, sondern gegen den künftigen Morgen, früh zu vier Uhr,
der Rath zusammen erfordert werden möchte, alsdann wolle man conjunctim*
(dt. gemeinschaftlich) *zu den Tractaten schreiten und sich darin vereinbaren,
wie dann auch zu dem Ende der Rath, Ausschuß und Viertelsherren an einem,
der Hofmarschall* Falckenberg, *Ambassadeur* Stalmann *und des Administrators Räthe andern theils folgenden Tages, als den 10/ 20 Mai zu bestimmter,
früher Zeit auf dem Rathhause erschienen und zusammen gekommen sind. Der
Rath hat aus seiner Mitte den Bürgermeister* Georg Kühlewein, *den Syndicus,
item Hrn* Conrad Gerhold *und Autoren* (Otto Gericke) *zu dem* von Falckenberg
*- so nebst dem Stalmann und Hrn Administratoris Räthen in einer besonderen
Stube gewesen - diese Tractaten zu vollstrecken und alsofort mit dem Trompeter, Gesandten an den General* Tilly *zu schicken, deputirt ...*
*Indem er aber also von diesem und dergleichen wohl bei einer Stunde lang
geredet, ward indem der Secretarius aus dem Rathe geschickt, welcher berichtet, daß durch die beiden Männer, so auf dem Dom und Sct. Jacobthurm
Wacht zu halten bestellt, dem Rath angezeiget wäre, wie die Kaiserlichen aus
allen Lagern sehr stark in die beiden Vorstädte Neustadt und Sudenburg an-
kommen und sich hinter die Approches, alte Mauern und Keller begeben thäten.
Unlängst hernach kam ein Bürger vom Walle mit Anzeigung, daß es im Felde
hinter allen Hügeln und Gründen voller Reiter hielte; so hätte man auch sehr
viel Volkes in die Vorstädte maschiren gesehen. Hierauf der* von Falckenberg
*geantwortet: er wolle, daß sich's die Kaiserlichen unterstehen und stürmen
möchten, sie sollten gewiß also empfangen werden, daß ihnen übel gefallen
würde. Hat ferner in seinem Gespräch und* Voto *fortgefahren, bis der Wächter*

*auf Sct. Johannesthurm Sturm geblasen und die weiße Kriegesfahne ausge-
steckt. Da denn Autor (Otto Gericke) nicht länger sitzen, sondern hingehen
und sehen wollen, was passirte. Und als er in die Fischergasse gekommen, hat
er gesehen, daß die Croaten - so um das Rondel bei dem kleinen Wasser durch-
geritten waren, wie davon besserhin wird gesagt werden - schon der Fischer
Häuser stürmten und plünderten. Darauf Autor (Otto Gericke) sich eilends zu
Rathhause verfügt und mit kurzen Worten dem Rath angedeutet, daß es
unvonnöthen, da zu sitzen, denn der Feind schon in der Stadt, welches Allen
gar unglaublich vorgekommen. Und als indessen auch des Falckenberg's eigene Pagen zu Rathhause kommen und berichteten, daß die Kaiserlichen schon
auf dem Walle bei der Neustadt sein sollten, ist er aufgestanden, zu Pferde
gesessen und hin, des Obristlieutenants* Trost *Regiment vom Marsch abzufordern, geritten.*

*Da er aber mit dem Volke bei der Hohenpforte angekommen und die Kaiserli-
chen allbereits daherum in den Gassen der Stadt angetroffen, hat er zwar heftig in sie gesetzt und anfangs ziemlich zurückgetrieben. Weil sie aber je mehr
und mehr Volk zu Hilfe bekommen, auch allbereits mit Reiterei in der Stadt
gewesen, ist der* von Falckenberg *nebst dem Obristlieutenant* Trost *allda todt
geblieben und ihr Volk zertrennt und geschlagen worden. Und obwohl der
Obrist* Uslar *mit seiner Reiterei, und was sonst noch zu Reserve vorhanden
gewesen, auch zusammen gekommen und Falckenbergen entsetzen wollen, ist
es doch viel zu spät und vergebens gewesen. Der Rath ist mehrentheils auf
dem Markte, in einem oder andern Ordre zu ertheilen - wie denn alsofort etliche Trommelschläger, um einen Accord anzuhalten, an die Orte, da die Kaiserlichen hereingekommen, zwar ausgeschickt, aber mit solcher Antwort, daß
keiner davon wieder zurückgekommen, versehen worden - bestehend geblieben, bis endlich, als die Feinde immermehr hereingedrungen, ein jeder gesehen, wohin er sein Refugium (dt. Zufluchtsort) nehmen und sichs aufs beste
salviren mögen &c ... [30, S. 76 ff.].*

... Als nun gedachter maßen durch den General Pappenheim *eine ziemliche
Anzahl Volkes auf den Wall bei der Neustadt und da herum in die Gassen der
Stadt gebracht, auch der* von Falckenberg *erschossen und* das Feuer an allen
Enden eingelegt worden, *da ist es mit der Stadt geschehen und alle Resistenz
zu spät und vergebens gewesen. Denn ob sich gleich von Bürgern und Soldaten an etlichen Orten etwas wieder gesetzt und zur Wehr gestellt, haben doch
die Kaiserlichen indessen immer mehr und mehr Volkes, auch Reiterei genug
- weil der Graben auf der Spitze dieses Bollwerks noch nicht ausgearbeitet
und der neue Wall sehr flach, also daß sie auch darüber in die Stadt reiten*

können - zu Hilfe gekriegt, endlich das Kröckenthor eröffnet und also die gan-
ze Armee der kaiserlichen und katholischen Liga von Hungarn, Croaten,
Polacken, Heyducken, Italianern, Hispaniarden, Franzosen, Wallonen, Nie-
der= und Oberdeutschen &c. hier eingelassen. Da ist es geschehen, daß die
Stadt mit allen ihren Einwohnern in die Hände und Gewaltsamkeit ihrer Fein-
de gerathen - die denn alle heftig und grausam, theils aus gemeinem Haß
gegen die augsburgischen Confessions=Verwandten, theils daß man mit
Drathkugeln geschossen und sonst etwa von den Wällen, wie es zu gehn pflegt,
geschmähiet, erzürnt und erbittert gewesen. Da ist nichts als Morden, Bren-
nen, Plündern, Peinigen, Prügeln gewesen. Insonderheit hat ein Jeder von den
Feinden nach vieler und großer Beute gefragt.
Wenn dann eine solche Partei in ein Haus gekommen, und der Herr etwas zu
geben vermocht gehabt, hat er sich und die Seinigen so lang salviren und
erhalten können, bis eine andere, die auch was haben wollen, wieder ange-
kommen. Endlich aber, wenn er alles hingegeben und nichts mehr vorhanden
gewesen, alsdann ist die Noth erst angegangen. Da haben sie angefangen zu
prügeln, ängstigen, gedrohet zu erschießen, spießen, henken &c., daß, wenn's
gleich unter der Erde vergraben oder in tausend Schlössern verschlossen ge-
wesen, die Leute dennoch hervorsuchen und herausgeben müssen. Unter wel-
cher währenden Wütherei dann, und da diese so herrliche, große Stadt, die
gleichsam eine Fürstin im ganzen Lande war, in voller brennender Gluth und
solchem großen Jammer und unaussprechlicher Noth und Herzeleid gestan-
den, sind mit gräulichem ängstlichen Mord= und Zetergeschrei viel tausend
unschuldige Menschen, Weiber und Kinder kläglich ermordet und auf vieler-
hand Weise erbärmlich hingerichtet worden, also daß es mit Worten nicht
genugsam kann beschrieben und mit Thränen beweint werden.
Es hat aber diese trübselige Zeit nicht viel über zwei Stunden lang in der Stadt
gewähret, indem durch den unversehens zustoßenden Wind das Feuer - **so**
zwar anfangs der Graf von Pappenheim, den Bürgern und Einwohnern zur
Perturbation *(dt. Verwirrung)* **und Schrecken einzulegen solle befohlen,**
nachmals aber die gemeine Soldatesque hierin keine Discretion *(dt. Rück-*
sichtnahme) **und Aufhören gewußt haben** *- dergestalt überhand genommen,*
daß um 10 Uhr Vormittags alles im Feuer gestanden, und um 10 Uhr gegen
die Nacht die ganze Stadt, zusammt dem schönen Rathhause und allen Kir-
chen und Klöstern, völlig in der Aschen und Steinhaufen gelegen. Daher denn
das kaiserliche Kriegesvolk, wenn es nicht selbst verbrennen wollen, wieder-
um aus der Stadt entweichen und sich in ihre Feldlager retiriren müssen.
Aus dem Rath sind der Bürgermeister Martin Brauns und die Rathsherren Diet-

rich Brewitz, Kaspar Steinbeck *und* Matthias Baurmeister *umgekommen; die andern 3 Bürgermeister* Georg Schmidt, Georg Kühlewein *und* Johann Westphal, *nebst dem Rathherren* Otto Gericken *und vielen andern Leuten, haben sich mit den Ihrigen in Hrn* Johann Alemann*'s Haus begeben, allda sie endlich, nach vielfältiger ausgestandener Leib= und Lebensgefahr, durch den kaiserlichen General=Krieges=Commissarius Hrn* von Walmerode - *welcher eben des* Johann Alemann*'s Hausfrauen zu salviren* (dt. retten) *dahin gekommen - errettet und hinaus nach Schönebeck in Sicherung gebracht worden ...* [30, S. 82 ff.].

... In der Domkirche sind wohl in die 4 000 Menschen gewesen, die sich darin retiriret (dt. zurückgezogen) *und verkrochen gehabt, und obwohl anfangs etwas von kaiserlichem Volke hinein gekommen ... so ist doch bald Schildwacht vor die Thüren gesetzet und ferner Gewalt verhütet worden. Der Domprediger* Reinhard Backe *hat sich auch in diese Kirche salvirt, welchem zwar anfangs die Jesuiten und andere katholische Geistliche hart zugesetzt und übel ange-*

Erstürmung der nördlichen Festungsmauer Magdeburgs von der Neustadt aus [11]

*fahren; jedoch soll er seine Gegenantwort dergestallt gethan und so viel bei-
gebracht haben, daß sie ihn als einen lutherischen Prediger ... müssen passiren
und gewähren lassen ...* [30, S. 86].

*... Belangend die Anzahl der Erschlagenen und Umgekommenen in der Stadt,
weil nicht allein das Schwert, sondern auch das Feuer viel Menschen auf-
gefressen, kann man dieselbe nicht eigentlich wissen, denn nicht allein bald
nach dieser erbärmlichen Einäscherung der General* Tilly *die verbrannten
Leichname und sonst erschlagenen von den Gassen, Wällen und andern Plätzen auf Wagen laden und in's Wasser der Elbe fahren lassen, sondern man hat
auch fast ein ganzes Jahr lang nach der Zeit in den verfallenen Kellern viel
todte Körper zu 5, 6, 8, 10 und mehr, die darin erstickt und befallen gewesen,
gefunden und weil die, so auf den Gassen gelegen, sehr vom Feuer verzehrt
und von den einfallenden Gebäuden zerschmettert gewesen, also daß man oft
die Stücken mit Mistgabeln aufladen müssen, wird Niemand die eigentliche
Summam benennen können. Insgemein aber hält man dafür, daß ... es auf 20000
Menschen, klein und groß, gewesen, die bei solchem grausamen Zustande ihr
Leben enden oder sonst am Leibe Schaden leiden müssen ...* [30, S. 87].

*... Wo der Stadt Archive, Briefe und Siegel, Privilegien, Register, Protocolle
und andere Urkunden hingekommen, weiß man nicht, sintemal die Vornehmsten des Raths und der Bürgerschaft, so viel deren noch vom Feuer und Schwert
übrig geblieben, in einem Jahre nicht wieder in die Stadt gekommen oder un-
terkommen können. Ob nun solche Documente, Briefe und Handfesten von
Jemand aufgehoben, weil alles in Gewölben gelegen und schwerlich verbrannt
ist, stehet dahin; gleichwohl ist der Stadt hierin auch ein unwiederbringlicher
Schaden geschehen ...* [30, S. 90].

Wie sind nun die Nachrichten über den Verbleib Otto Gerickes und der Seinigen:

*... biß ich endlich nebst den Meinigen vom Freie Herrn von Walmerode, Gene-
ral Krieges Commissario gegen Versprechung 300. rth. zur Renxon (dt. Lösegeld) errettet und nacher Schönebeck gebracht worden; alda mir, weil ich bis
aufs Hembde ausgezogen gewesen, Ihre Fürstl: Gnad: Fürst Ludwig zu Anhalt ... aus Köten einige Geld=Mittel geschicket, womit ich mich wiederumb
kleiden und also weiters nemlich nach Braunschweig, in meiner Mutter Vater-
land bringen, und wieder erholen können ...* [10, S. 377]. Aus den Personalia
seines Sohnes Otto erfahren wir zusätzlich: *... Freyherr von Walmerode in die
Stadt kommen/ umb ihn zu salviren/ und eine überbliebene treue Dienerinn
des ... Herrn ihn und ein Brüderichen/ so von einem Soldaten in etwas blessiret
worden/ auch einige Wochen darauff verstorben ...* [34, S. 13].

Lassen wir diesen kaiserlichen Generalkommissarius Walmerode vom gegnerischen Heer zu Wort kommen. Er erstattete am 11./21. Mai, datiert vom 22. Mai, Bericht über die Eroberung der Alten Stadt Magdeburg: ... *Die Soldatesca hat alle Aussenwerke und sich bei der Neustadt dar in den Graben legten, wobei sich kaiserlicher Oberst Johann Wengler und der Herzog von Holstein sich also benommen, daß der General (Tilly) sein sonderbares Vergnügen daran gehabt. Der Sturm begann zwischen sechs und sieben Uhr an allen Orten zugleich, dabei sich die Soldatesca dermaßen begierig und heroisch gezeigt, dergleichen wohl nicht gesehen war und demnach der Sturm fast in die zwei Stunden gewährt. Der schwedische Commandant, Dietrich von Falkenberg, ist gleich im Anfang todt geblieben, die vornehmsten Officiere gefangen und niedergemacht worden, hat die Soldatesca mit aller Macht in die Stadt gegangen, den daselbst noch beisammen und in Waffen gewesenen Feind gedrängt und Alles, was ihnen nur unter die Hände gekommen, niedergemacht, den vermeinten Administrator Markgraf Christian Wilhelm sehr stark verwundet, doch bei Leben gelassen, welchen ihn Graf von Pappenheim verbinden und weil kein Kutschen vorhanden, die Thore noch allenthalben verschaltet gewesen, auf den Lanzen Spießen aus der Stadt tragen lassen. Demnach auch*

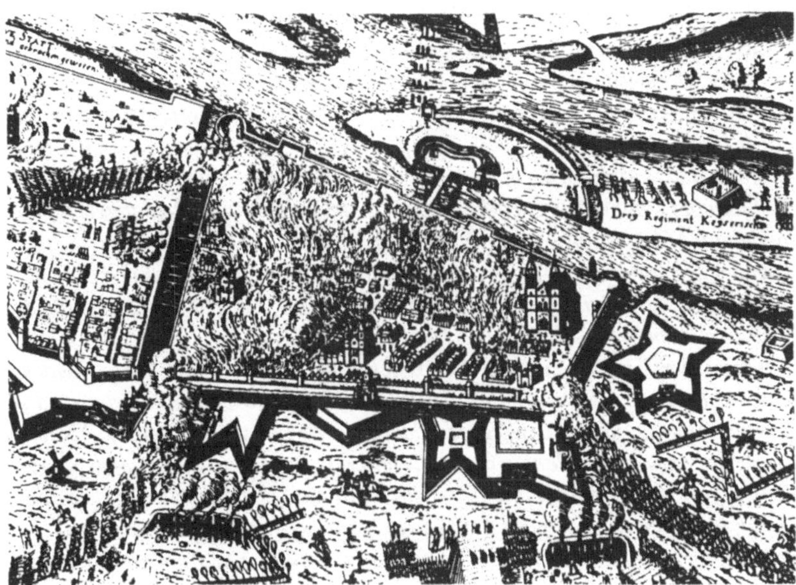

Die eroberte, brennende Alte Stadt Magdeburg am 10. Mai 1631 [11]

die Stadt fast allerdings ausgeplündert, und weil in den bürgerlichen Häusern allenthalben an Pulver sehr großer Vorrath gewesen, ist auf einmal an vielen verschiedenen Orten solche Brunst entstanden, daß derselben zu wehren unmöglich gewesen, welche dergestalt zugenommen, daß fast die ganze Stadt mit vielen schönen Kirchen in die Asche gelegt. Der Dom ist allein von den Kirchen übrig geblieben ...

Und weil von Bürgern und Soldaten fast Niemand davongekommen, so nicht entweder niedergehauen oder gefangen worden, also wird jetzt befohlen, alle Gefangenen zu specificiren (dt. einzeln anzuführen) *und den Generalen zuzuschicken, weil man durch solches Mittel die Anstifter dieser Rebellion wird haben und dieselben andern Ständen zu Exempel zu verdienter Strafe wird ziehen können. Es steht zu Euer Mayestät Belieben, was sie befehlen wollen, es wird diese Leute soviel tausend Menschen um Leib und Leben ins Elend und Ew. Mayestät Statum in nicht geringe Gefahr gebracht. Des vermeinten Administrators Kanzlei ist fleissig in Acht genommen worden, über welche bald Relation* (dt. Bericht) *gemacht werden wird. Es kömmt nur ein Beifal vor, welches vom König von Schweden gleich Anfangs dieser Rebellion an denselben gethan ...* [32, M 5]. Gleiches berichtete der greise Feldherr Johann Tserclaes Graf von Tilly, 72 Jahre alt, am 12./22. Mai 1631 dem Kaiser.

Viele Flugschriften und Zeitungen schilderten detailliert die Zerstörung unserer Stadt. Darstellungen und Gegendarstellungen bewegten die Gemüter. Es war wohl das schrecklichste und am ausführlichsten diskutierte Beispiel einer Zerstörung im Dreißigjährigen Kriege. Unser Otto schrieb dazu: *... Der König in Schweden, indem er vermuthet, es würde über diesen traurigen Fall, daß die Stadt bei Zeiten nicht secundirt worden, ungleiche Gedanken abgeben, hat lassen ein Manifest ausgehen, darin er anfänglich der Magdeburger Verstoßen* in ipso principio et limine *angeführt, und dann, daß sie auf die neuen Werbungen und dergleichen Kriegsnothwendigkeiten keine erklecklichen Geldposten auszahlen wollen &c. die Ursache gelegt ...*

Da denn der Eine diese, der Andere eine andere Ursache vorgewendet. Jnsgemein aber, weil zwei Parteien in der Stadt waren - die eine, so die Conjucturen (dt. Verbindungen) *mit dem Hrn. Administrator rieth und beförderte, die andre, so solche widerrieth und das daraus zu besorgende große Unheil gleichsam verkündigte, legte ein Theil die Schuld auf den andern und waren also, vor wie nach der Eroberung, ganz heftig wider einander. Die, so das Unglück prophezeihet hatten, konnten es offenbar vor Augen stellen, daß es so erfolgt, wie sie gesagt; die andern aber, so das Werk angesponnen und durch Verführung des gemeinen Mannes so zu Wege gebracht, gaben es auf die, so nicht mit eingestimmt; die wären gut kaiserlich gewesen, hätten mit ihnen ... unter einer Decke gelegen, ja gar den Zustand mit der Stadt dem Feinde verrathen, sonst wäre die Sache anders gelaufen &c. Dieses ist also der rechte, wahre Verlauf mit der Eroberung dieser guten Stadt Magdeburg, welchen sich Niemand, da anders die Wahrheit soll berichtet werden, kann lassen zuwider sein ...* [30, S. 91 f.].

Mit diesen Sätzen beendete Otto einen 92 Seiten umfassenden Augenzeugen-bericht über die Zerstörung seiner Alten Stadt Magdeburg. Vorerst fand Gerickes Familie Unterkunft in Braunschweig. Die Zerstörung Magdeburgs wurde noch in der Zeit des Krieges als eine der grausamsten, als **Magdeburger Hochzeit**, auf Flugblättern geschildert und beweint. Aber die Tat sollte ge-rächt werden. *Johannes Tserclaes Graf von Tilly* unterlag *Gustav II. Adolf* ein Jahr später am Lech und wurde tödlich verwundet. Er starb am 30. April 1632, 73jährig. Am 17. November 1632 starb der kaiserliche Reitergeneral *Gott-fried Heinrich Graf zu Pappenheim*, 28jährig. Einen Tag zuvor siegte *Gustav II. Adolf* bei Lützen über *Wallenstein*, fiel aber selbst. Keiner der mehr oder weniger beteiligten Heerführer überlebte also die Vernichtung der Alten Stadt Magdeburg lange [29 und 31].

7 Ingenieur in der wüsten Stadt Magdeburg

... Dieweil nun aber Hauß und Hoff sambt allen allen was darin totaliter verbrandt, hingegen von Aekern, Pachten und Zehnden niemandt etwas bekommen können, so habe mich zu der in fremden Landen erlerneten Festungs Bau verwendet, auch balde ein halb Jahr nach dieser eroberung, unter Herzog Wilhelm von Sachsen Weimar Königl: Schwedischem General Leutnant, *damahls zu Erfuhrt Dienst und bestallung von einen* Ingenieur *bekommen ...* [10, S. 377]. Diese Zeit war für unseren Otto und seine Familie eine Zeit der Trennung und der Unsicherheiten.

Nach der Zerstörung und Besetzung Magdeburgs durch die Kaiserlichen gelang es dem Schwedenkönig Gustav II. Adolf, Brandenburg auf seine Seite zu zwingen, die Herzöge von Mecklenburg wieder einzusetzen sowie Pommern und das rechte Elbufer ganz von Kaiserlichen zu befreien. Er schlug sein Heerlager in Werben auf, um seine Truppen zu sammeln. Tilly lieferte einzelne Scharmützel, wich aber einer entscheidenden Schlacht aus. Nachdem es der Schwedischen Partei auch gelang, Johann Georg I., den Sächsischen Kurfürsten, auf ihre Seite zu ziehen, war nun eine Entscheidung herangereift. Sie fiel am 7. September 1631 bei Breitenfeld und endete mit einer verheerenden Niederlage der Kaiserlichen. Gustav II. Adolf war der gefeierte Held der Protestanten.

Am 8. September 1631 setzte er den Fürsten Ludwig von Anhalt (regierte 1603 bis 1650) zum Statthalter über das Erzstift Magdeburg und das Stift Halberstadt, den schon bekannten Johann Stalmann als Kanzler und den Obristen Johann Schneidewind als Kommandanten der Garnisonen im Erzstift ein. Magdeburg, noch von Kaiserlichen besetzt, wurde eingeschlossen und durch Baner belagert. Entlastungstruppen konnte er entscheidend schlagen.

Trotzdem gelang es Pappenheim am 4. Januar 1632, die Stadt zu erreichen. Der schwedische Druck auf die Stadt nahm zu. Darauf verließen am 8. Januar 1632 die kaiserlichen Truppen mit 300 Wagen die zerstörte Alte Stadt Magdeburg, nicht ohne zuvor die Bastion Heydeck, das Sudenburger Tor und die Düstere Pforte zu sprengen, Brücken, Schiffe und Hütten anzuzünden, Kriegstechnik zu zerstören und den Dom zu demolieren. Ein dreiviertel Jahr kaiserlich-katholische Herrschaft hatte aus der blühenden Stadt eine einzige Ruine werden lassen. Das Ziel des Kaiserlichen von Mansfeld war es, hier keine Protestanten wieder siedeln zu lassen und auf den Ruinen der protestantischen Alten Stadt Magdeburg eine katholisches Marienburg zu errichten. Dies war aber nun gescheitert.

Am 10. Januar 1632 versammelte sich ein kleines Häuflein Menschen zu einer ersten lutherischen Betstunde nach der Zerstörung in der Kirche zum Kloster Unser Lieben Frauen. Am 6. Februar baten Georg Schmidt, Oswald Matthias, Matthias Helwich, Stephan Lentke und Andreas Lau den Fürsten Ludwig von Anhalt um die Förderung ihrer Rückkehr. Am 12. Februar erhielten sie Pässe und begannen am 15. Februar 1632 mit dem Wiederaufbau der Stadt. Aus den Personalia von Bürgermeister Georg Schmidt, Ottos Schwagers erfahren wir:
... Insonderheit hat der ... Herr ... erstlich/ von Braunschweig aus/ zwischen den KriegsArmeen durch gereiset/ bey domahligen durchbruch des Königs zu Schweden/ und dessen fürgenommenen Blocquirung/ die arme eusserste betrübte Stadt/ und derer wenigen uberbliebende Bürgerschafft/ Ihr. May. zu Schweden/ dermassen beweglich/ und mit Gottes beystandt/ mit solchen remonstrationibus (dt. Einwänden) *zu gnaden bracht/ das dieselbe der Armen Stadt gewogen zu bleiben unnd derselbigen nicht alleine/ ihre* libertatem (dt. Freiheit), *Gerechtigkeit und befugnüß zu lassen/ sondern sie auch zu widerbringung vorigen* florn (dt. Blüte) *und* splendorn (dt. Glanz) *zu* dotiren (dt. auszustatten), largissime (dt. reichlichst) *versprochen ...* [15, S. 44 f.].
Christoph Schultze, Ottos Stiefvater, Bürgermeister Johann Westphal und Ratmann Andreas Lau begannen mit der Wiedererrichtung des Stadtwesens. Christoph Schultze wurde am 22. März Königlich Schwedischer Kommissar, wie wir aus seinen Personalia erfahren: *... so ist er ... An. 1632. Von Hochgedachter Ihr: Fürstl: Durchl: zu Anhalt/ &c. als dero zeit Hochansehnlichen Herrn Stadthalter der Ertz: unnd Stiffter Magdeb. und Halberst. anhero naher Magdeburg geschicket und bey deme gleichsamb new angehenden allgemeinen Stadt- und Bürgerlichen wesen/ Als Rath und Commissarius verordnet worden ...* [21, S.38]. Am gleichen Tage ließ er die erste Bestandsaufnahme der Einwohner durchführen:

	Alte Stadt	Sudenburg	Neustadt
Männer	239	15	39
Witwen	117	7	30
unverheiratete Töchter	1	0	0

Alle zusammen gerechnet waren es 449 Personen. Gegenüber den 25 000 bis 30 000 Bewohnern der Stadt vor der Zerstörung kann der Enthusiasmus dieser 449 Bürger nicht hoch genug eingeschätzt werden. Die vornehme Aufgabe der Behörde bestand in der Herstellung des Handels und der Schiffahrt sowie im Bau eines Niederlagegebäudes, was sehr schnell geschah. Des weiteren war es notwendig, die Alte Stadt wieder besiedelbar zu machen. Die meisten Bürger wohnten am Neumarkt, weil hier einige Häuser nicht abgebrannt waren. Die

Ruinen der Altstadt wurden als Baustoffquellen genutzt. Christoph Schultze und Georg Schmidt schlugen vor, einen Stadtplan zeichnen zu lassen, um den Wiederaufbau planmäßig zu vollziehen.

Dazu empfahlen sie dem Fürsten den schwedischen Ingenieur Otto Gericke. Otto ... *nacher Magdeburg in dergleichen Charge* (Oberingenieur) *befodert. Der damahlige Königliche Schwedische Feldmarschall/ Herr Bannier/ hat Ihme zu diesem Dienste eine freye Compagnie nebst freyer Tafel geben/ auch sonst*

Ausmessen einer Befestigungsanlage durch einen Ingenieur mit Gehilfen [37]

seine Persohn weiter employren (dt. aufstellen), *Er aber nicht mit zu Felde gehen wollen/ da Er sonst woll lange eine hohe Krieges=Charge wegen seiner vielen Wissenschafften und* Capacität *erlanget hätte* ... [13, S. 18]. So war er unter Gustav II. Adolf mit dem Ausbau der Erfurter Cyriaksburg beschäftigt. Auf Anforderung des Kommissars Christoph Schultze wurde Otto aber abkommandiert. Er erhielt einen schwedischen Paß, eines der ältesten Dokumente über die Tätigkeit des Ingenieurs Otto Gericke: ... *Lasset frey, sicher vnd vngehindert passiren undt repassiren fürweisern dieses Otto Jericken, Ingeneuren, welcher in angelegenen sachen verschickt, mit bey sich habenden Personen vnd Pferden, zu jederzeit, wie es sein Befehl vndt Gelegenheit erfordern wird. An deme geschicht von den vnserigen vnser ernster Befehl, Andere aber thun vns zu günstigem und gnedigem gefallen. Geben Erffurt den 17. Februarii Anno 1632. Graff Ludwig von vnd zu Löwenstein* ... [3, S. 21].

Dieser Paß begleitete Gericke von Erfurt nach Magdeburg. Entsprechend dem Auftrag des schwedischen Statthalters für das Erzstift Magdeburg, fertigte er einen Riß der Stadt an. Mit solider, hartnäckiger und kraftvoller Arbeit gewann er den Rat und die vorgesetzten Stellen. Schnell und gründlich arbeitete Gericke aufgrund seiner Kenntnisse aus dem Studium in Leiden. Den fertigen Grundriß schickte er mit folgendem Begleitschreiben am 10. April 1632 nach Köthen: ... *habe, Deroselben gnädigen Befehlig nach, ich den Abriss der Stadt Magdeburg verfertigt, denselben E. Fürstl. Gn. beikommend zu empfangen haben. Ob ich nun wohl mit höchstem Fleiss mich dahin bemühet, solchen Abriss je eher je lieber zu vollenden, so hat doch die unvermuthliche Vielheit der grossen Plätze etc., deren (2) theils so gar befallen, dass sie ganz mühsam zu suchen gewesen, sodann (3) die mir auf 14 Tage anstossende febrische Krankheit dieses Werk derogestalt verzögert ...*

Ferner, Gnädiger Fürst und Herr, ist bei diesem Grundverzeichniss nachfolgendes zu gedenken: 1) dass nicht allein alle Gassen (deren auf 180), sondern auch alle Plätze, Kirchen und Kirchhöfe etc., so viel deren in der ganzen Stadt vorhanden, nach ihrer rechten Wahrheit und Form gezeichnet, 2) ist keine Gasse ganz gerade, denn sich fast an allen Häusern unförmliche Ecken und Krümmen finden, so aber alles auf dem Papier zu zeichnen unmöglich, sintemal 1, 2 und 3 Fuss Länge wenig oder gar nicht können gesehen werden. Daher 3) wenn eine Gasse zu vermitteln oder nach der Schnur zu rectificieren (dt. berichtigen), am besten, dass man eine ganz neue Gasse ordinierte, denn ohne dass die alten Mauern, Fundamente, Keller und Steinwege verloren sein würden. 4) Habe ich in dem Abriss etliche neue Gassen mit Wasserblei (damit sie mit frischem Brot können widerum ausgewischt werden) verzeichnet, worun-

ter 2 neue Hauptstrassen, eine vom Schrotdorferthore bis zum Petersförder, die andere vom Ulrichsthore bis zum Brückthore. Diese beiden Strassen aber können nicht ganz gerade gemacht werden, denn ohne der Petersförder-, Johannisförder- und Kuhstrasse keine füglich zur Elbe wärts kann gebracht werden, sintemal die Stadt an der Westseiten hoch und an der Ostseiten (längs dem Elbstrom) zu viel niedrig. Anlangende die andern punctierten Gassen können dieselben nach E. Fürstl. Gn. Beliebniss vermehrt, verändert und gebessert werden. 5) Weil die Namen der Gassen nicht alle üblich, als habe ich in beigefügtem Abriss allein die gewöhnlichen eingeschrieben, sonst hat man die Stadt Magdeburg mit Holz gedruckt, darin alle Namen der Gassen zu finden. 6) Hätte man zu desto besserem Unterscheid der Gassen die bewohnten Feuerstätten mit ein wenig dunkelhafter Farbe anstreichen sollen, wozu aber dies Orts ganz nichts zu bekommen gewesen. 7) Ist zu wissen, da diese Strichlein ≣ stehen, dass selbe Gassen bergab laufen. Die x x x x x aber bedeuten Gewölbe und Schwibbogen. Noch sind schwarze Punkte zu finden, so die Brunnen anzeigen, welche zwar nicht alle gezeichnet, weil es anfangs vergessen worden, können aber auf Begehren noch alle eingezeichnet werden. 8) Will ich auf E. Fürstl. Gn. fernere Verordnung mehr Abrisse übersenden. 9) Hat

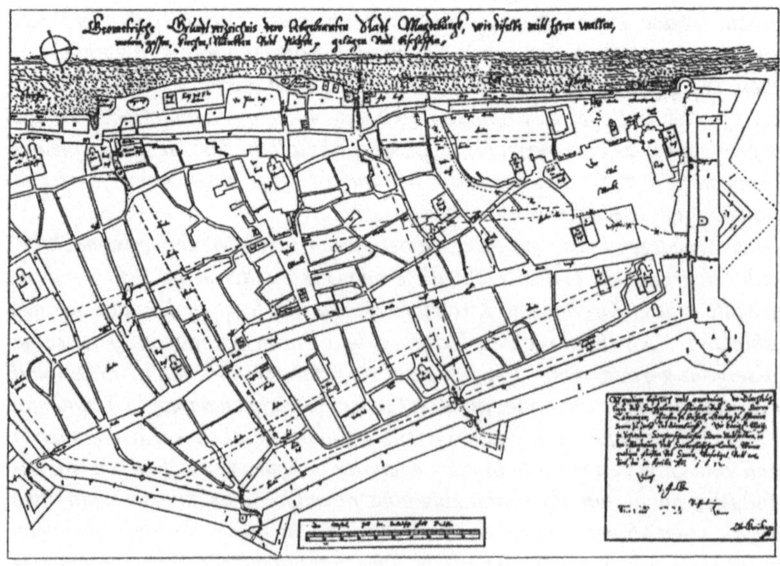

Südlicher Teil aus Gerickes Stadtplan, 1632 [35]

der Herr General Bannier auch einen Ingenieur vor vier Wochen anhero ge-
ordnet, welcher gleichergestalt die ganze Stadt cartieren muss; wie ich aber
verstanden, so gehet er die Längen mit Schritten ab ... [3, S. 22 ff.].
So erhielt Otto am 16. April 1632 den Befehl, zwei weitere Grundrißkopien
anzufertigen. Am 2. Mai übersandte er diese an den Fürsten Ludwig von Anhalt: ... *Zu unterthäniger gehorsamer Folge E. Fürstl. Gn. gnädigem Befehl*
überschick ich mit gehorsamer Treu noch zwei Exemplaria von der Stadt Mag-
deburg Grundverzeichniss mit unterthäniger fleissiger Bitte, E. Fürstl. Gn.
wolle dabei meine unverdrossen getreue Devotion (dt. Ergebenheit) *verspü-*
ren, mein Gnädiger Fürst und Herr verbleiben, und kraft königl. Statthalter-
Amts allhier in Magdeburg zu einem Ingenieur mich bestellen, auch eine sol-
che gnädige Jahresbestallung (Jahresgehalt) *verordnen ...* [3, S. 24 f.]. Unser
Otto erhielt die Stelle. Schon am 12. August fingen die Magdeburger mit dem
Wiederaufbau des Alten Marktes, des zentralen Handelsplatzes der Alten Stadt,
an. Hier begann das Leben der Stadt wieder zu pulsieren, und hier sollten die
Zeichen des Wiederbeginns gesetzt werden. Über 60 Jahre vergingen, bis der
Alte Markt wieder in seiner alten Pracht entstand. Unser Otto blieb in der
Stadt: ... *Er hat von Anfang der* Restauration (dt. Wiederherstellung) *der*
desolirten (dt. hoffnungslosen) *Stadt/ an Thoren/ Wällen/ Elb=Brücken/ Kir-*
chen/ (dazu Er ein ansehnlich Capital *gegeben) Schulen/ Rahthauß/ Hospitalien*
&c. bauen/ alles anordnen/ gute Ordnung und Statuten *machen helffen; Aller-*
hand verworrene Händel beyzulegen/ die widrigen Partheyen zu vereinigen/
damit ohnötige weitläufftigkeit vermieden blieben/ und Unkosten gesparet/ dazu
hat Er sonderliche Gaben gehabt/ wie Ihm dann jedermänniglich das
Gezeuchniß gegeben ... [13, S. 25].
Aber die kleinen und großen Probleme drückten sehr. Sein Sohn ... *Jacob Chri-*
stoph schied ... den 7. Octobris Anno 1632. seines Alters 1. Jahr/ und 47.
Wochen/ auch aus dieser Welt ... [26, S. 41]. Am 6. November fiel in der
Schlacht von Lützen der Schwedische König Gustav II. Adolf. Nunmehr wurde Axel Oxenstierna *bevollmächtigter Legat der Krone Schwedens beim Rö-*
mischen Reich und bei allen Armeen. Am 12. Dezember 1633 reiste eine Magdeburger Deputation zu ihm nach Frankfurt am Main, um Schenkungsbriefe
in Empfang zu nehmen. Alexander Erskin wurde mit dem Vollzug dieser Urkunden beauftragt. Die Schenkungen von Land und Dörfern aus der Umgebung Magdeburgs sollten deren Wirtschaft ankurbeln und für die Alte Stadt
die finanzielle Grundlage des Wiederaufbaus bilden. Der Erfolg blieb anfangs
nicht aus. Aber der Vollzug der Schenkungen wurde durch den desolaten Zustand der Dörfer und Ländereien im Umfeld Magdeburgs hinausgezögert und

weniger, als gedacht, wirksam. Latenter Geldmangel beeinträchtigte auch die Arbeit des Schwedischen Ingenieurs Otto Gericke, wie ein Schreiben vom 31. März 1635 an den Festungskommandanten Lohausen zeigte: ... *Als uff deß königl. Schwedischen verordneten* Residenten *in Magdeb:, Thür: und Halberstatischen Landen, Herrn* Alexander Eskens *p. zum Magdeburgischen Festungsbau beschehener* Assignation *(dt. Zahlungsanweisung) der 1 000 thl., sich der Obereinnehmer zu Halberstadt Her George Lißmann, erclaret gehabt, daß ... er zu einiger Abstadtung, ermelter 1 000 thl. so bald keine Mittel treffen könne, so habe demnach auß Hochnothwendigkeitt, ich hiebey unterthanig erinnern wollen, daß (ungeacht des Verlusts in bester Zeit des Jhares) denen Walsetzern, Schachtwerkern und andern zum Festungsbau gehörigen (sich also gantz ohne Mittel, uber die albereits vergeblich uffgewartete 15 Wochen) zu enthalten unmüglich fallen will ...* [36, S. 287].

Auch die äußeren Bedingungen für die Stadt waren nicht die besten. Nach Wallensteins Ermordung und dem Sieg der Kaiserlichen bei Nördlingen war das Übergewicht der Schweden im Deutschen Reich zerstört. Der Kurfürst von Sachsen schloß daher mit Kaiser Ferdinand II. am 20./30. Mai 1635 den *Prager Frieden*, dem auch der Fürst von Anhalt am 17. Juni 1635 beitrat. Das Erzstift Magdeburg wurde damit dem Administrator August zugeteilt.

Wieder aufgebautes Wohnhaus der Gerickes, um 1634 [35]

Die schwedische Besatzung war durch diesen Teilfrieden zum Abzug verurteilt. Oxenstierna zog sich aber vom 6. Juni bis 19. September 1635 nun erst recht nach Magdeburg zurück. Baner verlegte das letzte auf deutschem Boden befindliche schwedische Heer ebenfalls nach Magdeburg.

Die Verhandlungen zwischen Kursachsen und der Krone zu Schweden kamen zu keinem Ergebnis, da es ein einseitiger, die schwedischen Bedürfnisse nicht enthaltender Vertrag war. Der geschlossene Prager Separatfrieden wurde die Ursache für weitere 13 Jahre Krieg. Am 6. Oktober eröffneten die kursächsischen Truppen förmlich den Krieg gegen Schweden. Ab November 1635 blockierten die Sächsischen Magdeburg. Im Januar 1636 siegten die Schwedischen bei Altenburg, Dömitz, Goldberg und Küritz. Die ernsthafte Belagerung Magdeburgs mußte beginnen. Am 18. Mai schlugen die Schwedischen einen Sturmangriff auf die Stadt zurück. Die schon zerstörte Stadt stand nun auch noch unter Dauerbeschuß. Am 3. Juli 1636 wurde ein Kapitulationsangebot der Schweden, zum großen Vorteil für sie, abgeschlossen. Am 5. Juli zogen die Schweden ab und eine sächsische Besatzung unter General-Feld-Wachtmeister Vitzthum von Eckstedt zog ein. Am 3. August leisteten der Rat und am 28. August die Bürgerschaft ihren Eid auf den Administrator August, womit auch die Prager Friedensbedingungen auf sie zutrafen. Die wechselnden, unüberblickbaren Bedingungen brachten Handel und Ackerbau zum Erliegen. Es brach eine Hungerpest aus, die noch viele Einwohner dahinraffte. Die Besatzung von 1500 Mann samt Bagage brachten zusätzliche, unabsehbare Erschwernisse. Einige Einwohner flohen davor. Der Rat und die diplomatischen Kräfte der Stadt waren gefordert. Hier tat sich besonders Bürgermeister Georg Schmidt hervor.

Für den schwedischen Ingenieur und Offizier Otto Gericke bedeutete das, wenn er in Magdeburg bleiben wollte, einen Wechsel der Kriegspartei zu vollziehen. Aus heutiger Sicht ein komplizierter Vorgang und damals: ... *In diesem Dienste ist Er so lange gestanden/ biß des Churfürsten von Sachsen H. Johann Georgen Churfl. Durchl: Ao. 1636 im Nahmen Käyserl. Mayst. die Stadt/ nachdem sie etliche Monat lang mit 24 000 Mann sehr hart auffs äusserste belagert gewesen/ dabey der ... Herr ... mit seiner Liebsten und eintzigen Sohn sehr viel wieder außstehen müssen/ und in den* Affairen (dt. Rechtsfällen) *nebst des ... Herrn ... Schwester Mann/ Herrn Bürgemeister Schmiden ... viel gebrauchet/ hinauß verschicket worden/ mit guten* Accord (dt. Vertrag) *übergangen/ da Er von der Cron Schweden seinen guten Abschied bekommen/ und Se. Churfl. Durchl. Ihn wieder in selbige Bestallung angenommen/ in welcher* profitablen (dt. einträglichen) *Charge Er sich so verhalten/ daß Sie ein gnädigstes Ver-*

gnügen daran gehabt ... [13, S. 18]. Seine Ratsverwandten bewirkten wohl, daß Gericke am 24. Juli 1636 ohne große Probleme durch eine Order des Kurfürsten Johann Georg I. zum Ingenieur bei der Festung Magdeburg bestellt wurde. In der Bestallung hieß es: ... *Daß Wier vorweißern Otto Gericken, bey dieser Vestung Magdeburgk alhier, vor einen Ingenieur bestellet, und angenommen: Nehmen ihn auch darzu auff und an, allso undt dergestalt, daß er Vns gethreu, holdt, undt dienstgewärtigk, insonderheit aber schuldig sein solle, die fortifications gebewde in und bey der Vestung allhier in guter obacht zuehaben, daß wandelbahre zuebeßern, undt bey allen verfallenheitten das ienige zuethun, und leisten, was einem ehrliebenden Ingenieur, und threuen diener wohl anstehet, eignett und gebührett: Sein absehen soll er nach Uns haben auf den ienigen, deme Wier itzo und Künfftig die Ober Inspection und Commando, über hiesige Vestung und Guernisónn auftragen, und seiner ordrê nicht weniger, alls Uns selbst, gebührenden Gehorsamb leisten: ... Darentwegen und zur ergötzlichkeitt vor solche seine dienstleistung, wollen Wier ihme von dato an, und solange diese dienstbestallung wehret, monatlich funffzingk Thaler aus Unserem Kriegszahl Amvt, reichen und geben laßen, womit er dann vergnügt, und zufrieden sein solle* ... [12, S. (5) f.]. Somit hatte Otto sein Auskommen und seine Aufgabe wieder, die er seit Beginn seiner städtischen Tätigkeit 1625 ausfüllte.

1636/37 bestellten die Magdeburger die Äcker wieder, so daß Pachten und Naturalien in die Stadt zu fließen begannen. Nach dem Tode Ferdinands II. am 15. Februar 1637 schickte die Stadt Deputierte (Georg Kühlewein und David Brauns) nach Prag, um sich durch Ferdinand III. (regierte 1637 bis 1657) ihre Privilegien bestätigen zu lassen. Das gelang im September 1638. Im Oktober 1638 war die Alte Stadt Magdeburg, bis auf die Besatzung, wieder ihr eigener Herr. Von einem Aufblühen der Stadt konnte jedoch nicht geredet werden, zumal schon neue, größere Probleme anstanden.

1638 wurde der Obrist Trandorff Kommandant und damit unmittelbarer Vorgesetzter des sächsischen Ingenieurs Otto Gericke. Er machte Geldforderungen an die Stadt aus der Belagerungszeit vor der Zerstörung geltend. Wiederum waren die diplomatischen Kräfte gefordert. Aber eine wichtige Stütze fehlte. Einer der Ratsverwandten, Gerickes Schwager Georg Schmidt, starb: ... *Wie gut: und freundlich/ sich der ... Herr Bürgermeister/ mit seinen Herrn MitRegenten/ unnd gantzen Collegio vertragen/ unnd wie erbawliche Christliche Ordnung/ er in* publicis Ecclesiasticis, & secularibus (dt. Kirchen- und weltliche Wesen), *beym Predigtampt Regiment/ Kirchen/ Schulen/ Intraden/ und auffnamen/ auch sonste/ im häußlichen wesen/ befordern helffen/ geben die zu Rathause verhandene acta/ und spricht die that ... genugsam ... unnd damit in solchem vhesten glauben/ den 13 tag/ deß Monats Septembris frühe umb 5. Uhr/ im 53. Jahr seines alters Seeliglich entschlaffen ...* [15, S. 47 f.]. Beerdigt wurde er am 20. September 1640 in der St. Katharinenkirche. Die Leichenpredigt und Zeremonie hielt Pastor Tobias Cuno.

Seitdem leistete Ottos Stiefvater Christoph Schultze als Stadtsyndikus doppelte Arbeit. Eine neue Verfassung des Kirchenwesens konnte 1639, eine neue Ausgabe der Stadtgesetze (Willkür) und der Gerichtsordnung 1640 verabschiedet und eingeführt werden. Am 8. Juli 1639 konnte in der Alten Stadt Magdeburg, erstmals nach der Zerstörung, wieder eine Münze geprägt werden. Aber die Geldknappheit beim Rat hielt an. Ein Zeichen dafür war die Beschwerde Otto Gerickes beim Kurfürsten von Sachsen über Nichtzahlung seiner Servicien von der Stadt Magdeburg vom 2. August 1641. Trotz der Anweisung des Kurfürsten folgte keine Zahlung der Gelder. ... *Ob nun wohl nach erloschener Deputation ich in sothanen Civil- vnd militarischen baw verblieben, vnd Ein Ehrenvester Rath wegen meiner schweren mühewaltung mich der ordentlichen Rathstage verschonet, So bin ich doch vff erforderung bey den arduis* (dt. großen Schwierigkeiten) *allezeit vnausbleiblich erschienen vnd zugleich dem Stadt- vnd Bawwessen nach meinem mir von Gott verliehenen geringen talento beyräthig vnd respective threufleissig vffwärtig gewessen ...* [3, S. 38]. Nicht sehr umfangreiche Baugeschäfte, die Ackerwirtschaft mit fünf Pferden und die Stelle als sächsischer Ingenieur waren die Einkunftsquellen der Familie Gericke. Ottos Steuern glich der Rat mit dem Gehalt als Bauherr der Stadt aus. Die überfälligen Servicienleistungen für den sächsischen Ingenieur wurden aber vom Rat nicht gezahlt.

Einerseits schien sich das Leben zu normalisieren, andererseits entstanden neue Anforderungen. 1642 starb Christoph Schultze, Gerickes Stiefvater. Da dieser keine eigenen Nachkommen hatte, wurde Gerickes Mutter Universalerbin des beträchtlichen Vermögens. Am 27. November 1642 beerdigte ihn Pastor Tobias Cuno in der St. Johanniskirche: ... *Gestalt er noch den 22. dieses Monats Novembris/ zu Abendts kegen die anwesende/ und sonderlich die Herrn Prediger dieser Alten Stadt Magdeburgk/ seine* Confessionem fidei (dt. Konfessionsbekenntnis) *unterschiedlich Christandächtig gethan/ auch endtlich darüber seelig/ in sanfften Continuirenden Schlaffe/ des folgenden Morgens kegen 3. Uhr/ als den 23. Nouembris im Sechs und Sechtzigsten jahre seines Alters seinen geist fröhlich auffgegeben hat ...* [21, S. 39 f.]. Otto wurde mit 40 Jahren neben seiner Mutter das Familienoberhaupt und mußte in Christoph Schultzes und Georg Schmidts Fußstapfen treten.

Aber auch außerhalb Magdeburgs geschah Gericke und die Stadt später Beeinflussendes. 1638 erschienen die *Discorsi* ... des Galileo Galilei, der 1642 starb. Zur gleichen Zeit hielt sich Robert Boyle, ein angehender englischer Naturforscher, in Florenz auf. Hier entdeckte gerade (1643) Evangelista Torricelli den *leeren Raum, das Vakuum.* Diese Personen sollten im späteren Leben Otto Gerickes noch ihren ganz spezifischen Platz einnehmen.

Galileo Galilei, 1624 [19]

8 Missionen für eine Freie Reichsstadt Magdeburg

1642 war ein wichtiges Jahr im Leben Otto Gerickes. ... *Die Stadt hat ihn endlich/ als ihr Mitglied des Raths ...* aufgenommen [13, S.18]. Er wurde vom Bauherrn der Stadt zu einem der vier Kämmerer gewählt. Das deutete einerseits auf Ottos Befähigung dafür hin, war andererseits aber ein Eingehen des Rates auf Ottos andauernde und berechtigte finanzielle Forderungen. Der Rat ließ ihn in die leeren Taschen der Kämmerei schauen. Die Kämmereibücher sind erhalten, in denen Otto Gericke die Jahresabrechnungen kontrollierte, bestätigte und abzeichnete. Ein weiterer entscheidender Grund für seine Berufung war wohl aus der Ratsverwandtschaft zu erklären. Mit dem Abzug der Schweden, dem Tod des schwedischen Kommissars (1642) und späteren Syndikus der Stadt, Christoph Schultze, Ottos Stiefvater, und der Amnestie durch den Prager Frieden 1635 kamen die vor der Zerstörung gut kaiserlichen Ratsverwandten Georg Kühlewein (ab 1638 wieder Bürgermeister) und David Brauns (ab 1637 Bürgermeister), der Sohn von Martin Brauns (Bürgermeister des neuen Rates 1630), wieder in die Stadt zurück. Durch den Tod der Bürgermeister Georg Schmidt, Ottos Schwager, im Jahre 1640 und Johann Heinrich Westphal im Jahre 1639 waren zwei der vier Bürgermeisterstellen nicht besetzt. Auf eine davon wurde der Kämmerer (seit 1638) Stephan Lentke gewählt, wodurch die Kämmererstelle ab 1641 frei war. Mit dem Tod von Christoph Schultze und Georg Schmidt waren die Gerickeschen Ratsverwandten im Rat unterbesetzt. So wurde Otto in den engeren Führungskreis gebracht, um die Interessen der Gerickes wahrzunehmen. Gleichzeitig blieb er aber besoldeter sächsischer Ingenieur unter dem Kommandanten Trandorff, der 1637 den ersten sächsischen Kommandanten Vitzthum ablöste.
Gegen das harte, die Wirtschaft der Stadt ignorierende und ruinierende Regime Trandorffs versuchte die Stadt, zuerst zaghaft, dann energischer zu protestieren. Sie wurde nicht gehört. Boten an den Kurfürsten nach Dresden ließ der Kommandant abfangen oder gar töten. Der Rat suchte eine Person, die ihr Vertrauen besaß und genügend Kraft und Rückhalt beim Kurfürsten besaß. So war der sächsische Ingenieur Gericke wohl gut geeignet. Er war direkt durch den Kurfürsten berufen, sein Untergebener und dem Kommandanten fast ebenbürtig. Unser Otto kannte sich mit den Schweden und den Sachsen aus, denn er war als jeweiliger schwedischer bzw. sächsischer Ingenieur einem Offizier gleichgestellt. Otto wehrte sich gegen die Mission, erkannte aber bald, daß nur er in der Lage war, bis zum Kurfürsten vorzudringen. Die Auseinandersetzungen der Stadt mit ihrem Kommandanten, die Situation in der Stadt, die Aufga-

ben dabei und die Verhandlungen und Missionen, die sich daraus ergaben, sind von Otto Gericke 1677 in einem *Memorial wegen meiner ... der Stadt Magdeburg halber, gethaner vielen, langwierigen, gefehr- und beschwerlichen, doch der Stadt nutzbaren reisen und Expeditionen* in zwölf Punkten zusammengefaßt worden:

... Erstlich. Alß von Churfürstl. Durchl. zu Sachßen der Obriste Trandorff herein, und der dahmahls noch wenigen Bürgerschafft in Ihre enge schlechte häuser und hütten zu 5, 6, 7 und mehr (ohne weiber und Kinder) Soldaten eingelegt worden, darzu die geld Servissen Monatlich 2 214 Rthlr 8 ggsch. außtrugen ... und weil hirüber der Oberste mit dem Rathe in wiederwillen geriethe, Er ao. 1642 dieselbe Servissen noch höher steigerte, auch begerte: ... und zugleich daß proviant vom Lande auß bliebe, Er, der Bürgerschafft gar die Soldaten zu verspeißen ankündigen, ia die Boten, so der Rath an Churfürstl. Durchl. schickte, in Eisen schließen ließe ... [12, S. (114)].

Die erste Mission vom 16. September bis 10. Oktober 1642 nach Dresden war so erfolgreich, daß sie Trandorff in Zugzwang brachte. Da Gericke für ihn unantastbar war, übte er Druck auf die Familie aus. Zusätzlich wurde das Haus mit Soldaten belegt. Zur zweiten Reise trat Otto daraufhin nur noch zusammen mit Johann Friedrich Alemann und Gottfried Rosenstock an: ... *Zum Andern. Alß im folgenden 1643sten Jahre, wiederumb daß kayserl. proviant zu ende lauffen wollen, darauf nicht anders, alß die Verspeißung zugewarten gewesen, Item die officirer noch über die hohen geldt Servissen zu holtze, wesche, schüsseln, täller, handtquerlen, tischtücher, etc ... habe ich abermahls wie sehr mich auch durch ein besonder schreiben vom 17 Maij geweigert, uff vielfältiges anhalten, sambt Herrn Johan Friederich Alemann, und Herrn Gottfriedt Rosenstocken, beyden Ausschoß Verwanten, darzu verstanden, keinen haß oder bedrohung der Soldatesque, noch unsicherheit des weges geachtet, und so viel erhalten, daß Ihr Churfürstl. Durchl. ... auß dem kayserl. Magasin abermahls ein quantität proviants zu wege brachten, und dadurch die Verspeisung abgewendet ... Zum Dritten. Undt obwohl dem Obristen in denen geklagten puncten einhalt geschehen, hatt Er doch hingegen kein guete ordere unter die Soldaten gehalten, alß daß der Rath den 10 Augusti dießes 1643sten Jahres Ihrer Churfürstl. Durchl. schrifftlich geklaget ...* [12, S. (115)].

Die Missionen waren recht erfolgreich. Ottos entscheidender Anteil daran war unumstritten. Nur Margaretha, Gerickes Frau, hielt diesen Belastungen nicht stand: ... *Er ... hingegen aber das grosse Haußkreutz gehabt/ daß ihm seine Liebste den 26 April Anno 1645/ indem sie mit dem Stein sehr geplagt gewesen/ sehl. Todes verblichen ...* [13, S. 18]. Hierzu steht in ihren Personalia: ...

Dabey dann Creutz und Elendt nicht zu rücke geblieben/ sondern es hat der liebe GOtt sie ... zwene liebe Kinder/ Eltern/ und nahe Anverwandten/ abgestorben/ hat auch in der kläglichen eroberung dieser Stadt/ ihr Haabe und Guth/ Hauß und Hoff/ dem Feuer und Raub hinterlassen müssen: zugeschweigen/ das sie die nechsten 3. Jahr hero fast alle Monat Kranckheiten erlitten ... Den 25. Aprilis gegen den Abend/ ist sie immer schwächer und matter worden/ welches auch der gestalt zugenommen/ das sie des andern Tages darauff/ als den 26. Aprilis/ fast nichts mehr reden mögen/ und endtlich gegen den Abendt zuschlaffen angefangen/ welches dann bis nach 11. Uhren in der Nacht gewehret/ darin sie auch endtlich sanfft/ und ohn alles zücken/ selig verschieden/ und in Christo eingeschlaffen ist/ nach dem sie 40. Jahr/ 13. Wochen/ und 4. Tage/ gelebet ... [26, S. 42 ff.]. Die wurde am 4. Mai in der Johanniskirche ... *in Vornehmer/ Ansehnlicher/ und Volkreicher Versammlung durch H. Tobiam Cunoem Pastorem und Seniorem daselbst zur Erde bestattet* ... [26, S. 1]. Über ihren Tod kam unser Otto nur sehr schwer hinweg.
Aber erstaunlich schnell schloß sich im August 1645 die dritte, entscheidende Reise nach Dresden an. Ein Abzug der kursächsischen Besatzung sollte ausgehandelt werden: ... *Zu welchen ferner kommen, daß im folgenden 1645sten*

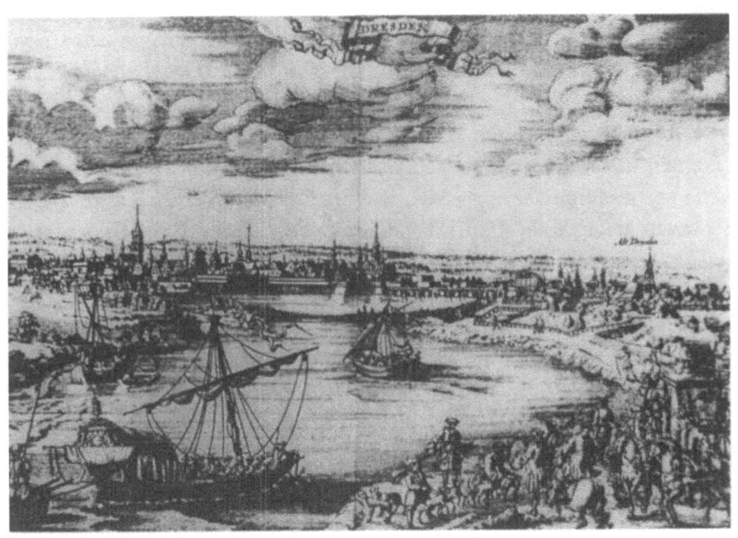

Residenzstadt Dresden, erstes Ziel des Diplomaten Gericke, 1650 [19]

Jahre, die Stadt gegen die erndte Zeit, von denen Schwedischen gar mit etlichen Regiment Reutern und Fuß Volck uff die benachbarte Städte herumb beleget, die straßen beritten, die feldtfrüchte umb die Stadt herumb deß tages abgebrännet, deß nachts mit gantzen Compagnien Pferden zerträtten, daß Vieh wegk getrieben, auch an der Elbe zu Schönebeck eine Schanze geleget worden, damit nichts zu waßer in die Stadt kommen können, waß nahe unter den Stücken von solchen früchten den Bürgern überbliebe, holeten die Soldaten von der Guarnisoun mit Ihren Weib und Kindern, zu Ihrer desto bessern Proviantirung ein ...

... hingegen sich niemandt bey diesen gefehrlichen zustandt zur abschickung gebrauchen, außerhalb daß Ich mich entlich uff viel gethanne promissen darzu bewegen laßen, und so wenig die, vor der Stadt, alß im Churfürstenthumb und umb Dräßden gegeneinander liegende Schwedische und Chur=Sachßische Armeen, noch der umbher weit und breit streiffenden parteyen, gescheuet, sondern den 11 Aug: nach Dräßden gerithen bin: Da dan den 27 Aug: von beyden theilen ein 6 Monatlicher Stillstand uffgerichtet, und (mihr unwissend) im 9 punct selbigen Accords gesetzet worden ... [12, S. (115)].

Zum Virten. Dieweil es aber mit diesen tractaten noch nicht wolte gethan sein, sondern die abthuung der Bloquade sambt Versicherung vor alle künfftige Hostilitäten (dt. Feindseligkeit), *bey dem Schwedischen Feldtmarschall (Leonhard Torstenson) bestanden, so hatt E. E. Rath uff inständiges ansuchen, mich abermahls vermocht, nebest Rathman Steinackern, so wohl nacher Halle alß Leipzigk den 19 Decembr: dieß zu endt lauffenden 1645sten Jahres (wiewohl bey Continuirender großer unsicherheit, und tieffen Schnee, da kein Bothe gehen können, also wann nuhr Pferde wehren genommen worden, man im felde hette erfrieren müßen) zureisen, und erstlich deß Herren Ertzbischoffs Fürstl. Durchl. unterthänigst umb beforderung zu abführung der Guarnisoun anzusuchen ... aber die sache in solchen Zustande befunden, daß deß Herren Feldtmarschalln Hochgräfl. Excell: die Stadt selbst besetzen wolten, unter dem Vorwenden, daß Ihro die Bloquirung bißher, Monatlich über 26 000 Rthlr gekostet, auch müsten Sie deß Elbpaßes versichert sein, könten daher ins mixtum praesidium nicht willigen, der Herr Ertzbischoff und die Stadt wehren beyde in kayserl. Pflichten, müsten kayserl. Befehl folgen, etc: Also daß es schwehre tractaten abgegeben, darin man balde bey Kayserl. May: bald bey Churfürstl. Durchl. zu Sachßen, bald bey deß Herren Ertzbischoffs Fürstl. Durchl., bald bey denen Schwedischen, wie auch bey der Stadt anstoßen können, darüber viel ab- und zureisens, so nach Dräßden, Leipzig, und Halle, entstanden ...*
[12, S. (116)].

Fünfftens. Indem nuhn die Stadt, mit dem wöchentlichen großen gelde unmüglich mehr uff kommen konte ... alß hatt Sie kein tagk noch stund versäumen, sondern die angefangene tractaten zu ende bringen wollen; Derowegen mich obermahls vermocht, nebest Rathman Steinackern, den 9 Januarij deß folgenden 1646sten Jahres, wiederumb uff Halle, Leipzig, und Dräßden, zu reisen und zu befordern, daß die Stadt desto ehender auß der großen noth kehme ... Also daß Wir beyde abgeordnete, Unß den 14 Febr: theilen, Ich, waß zu Leipzigk und Halle zu thunde gewesen, uff mich, hingegen waß zu Dräßden zu verrichten, Rathman Steinacker uff sich nehmen müßen:
... Worauff ich dan entlich bey denen, zwischen Churfürstl. und Schwedischen zu Eilenberg angesatzten tractaten, den 21 Martij die Churfürstl. order an den Obristen Trandorff zum abzuge, wie auch die Schwedische assecuration (dt. Versicherung) vor alle Hostilitäten sambt den Päßen, vor die inliegende Kayserl. und Churfürstl. Guarnisoun, deßgleichen auch vor die neue Stadt Guarnisoun, so die Hansee Städte schicketen, sambt andern nothwendigkeiten erhalten, und nacher Magdeburgk uberbracht habe [12, S. (116)]. ... Mit dem Chur=Sächsischen Commendanten den Obristen Trandorff/ hat Er/ indem dieser der Stadt hart gefallen/ viele Wiederwärtigkeit außgestanden/ Gott hat es aber endlich also geschicket/ daß ermeldter Obrister/ ob er gleich sein Feind/ zu Ihn aus freyen stücken ins Hauß gekommen/ seine Freundschafft wieder gesucht/ und Magdeburg endlich verlassen müssen ... [13, S. 26].

Ein Beleg für die Einschätzung seines Verhältnisses zum Vorgesetzten Trandorff war der folgende Brief vom 14. April 1646 an den Schwedischen Geheimen Hof- und Kriegsrat Alexander Erskine, mit dem Otto viele Verhandlungen führte und wohl auch freundschaftlich verbunden war: ... *nunmehr heute der so lang desiderirte (dt. gewünschte) Außzugk hiesiger Reichs=Guarnisoun durch göttliche Verleihung vollenzohgen und zu Wercke gerichtet worden. Frühe umb 7 Uhr wardt unser Volck aus der Neustatt herein= und davon 100 stracks in die Quartier gelaßen, die übrigen 50 Mann besatzten daß Sudenburger Thor, 50 daß Brügkthor und 50 haben die Reserve ufm Marckt gehalten, dazue 150 Bürger die Wälle und Pasteien uff der Festung besetzett; umb 10 Uhr geschahe der Außzugk zum Sudenburger Thor hinaus. Draußen ufm freyen Felde wardt Alles in Oder gestellet, die 4 Compagnien zu Roße führten den Vorzugk, darauff daß gantze Regiment in einer Front gefollgett, hinten nach 2 Stücke Geschütz sampt der Pagagi (dt. Troß) nach der Ordtnung ihrer Compagnien, worunter 13 Karoßen und 50 Pagagiwagen. Es ist ein starck Regiment gewesen von 800 Köpffen ohne die Canaille ... [36, S. 294 f.].*

Stephan Lentke, der zu dieser Zeit regierender Bürgermeister war, wurden ...

bey den damahligen Käyserl. Commissarien *die Schlüssel zum Thoren/ in einem gesticketen Beutel/ im Nahmen Ihrer Käyserl. Majestät/ zu erst wieder
überantwortet/ und selbe zu dessen treuen Bewahrung anbefohlen ...* [38, S.
30]. Das war ein riesiger Erfolg für die Stadt und für die so sehr angestrebte
Selbständigkeit und Unabhängigkeit. ... *Worauff folgenden Sonntags ein
Danckfest, daß Gott die tieffe Seuffzen, heiße trännen, und bittere klagen
erhöret, und die Stadt von der überschwehren einquartirung errettet, hette,
gehalten ...* [12, S. (117)].
Die neu errungenen und die alten verbrieften Freiheiten mußten in den laufen-
den Friedensverhandlungen verteidigt werden. Aufgrund seiner Erfahrungen
und Erfolge wählte man wiederum Otto Gericke aus, der sich zu einer Art
Außenminister der Alten Stadt Magdeburg entwickelte: ... *Sächstens. Dieweil
aber in denen, von der Stadt außgereichten reverßen, verschiedene puncta
enthalten, so der Stadt beschwehr- und gefehrlich angeschienen, dennoch bey
wehrender Bloquirung und großen Drancksahlen, nicht zum rechten Stand
können gebracht werden; Alß hatt E. E. Rath mich abermahls (im Majo dießes
1646sten Jahres) an den Herren Feldmarschallen geschickt ... Wormit sich
dan diese von ao: 1642 biß 1646 durch mich verrichtete Reisen und Expeditiones
geendet, und E. E. Rath mit Zustimmen deß Erb. Ausschoßes, mihr den 17
Octobr: dießes 1646sten Jahres, unter deß Regierenden Bürgermeisters Herren Steffen Lentkens Subscription, daß schriftliche Zeugnüß gegeben: Daß durch
meine gehabte Langwierige gefehr- und beschwehrliche, iedoch nutzbare Reisen, und Expeditionen, diese Stadt von der uberschwehren Guarnisoun Gott-
lob befreyet, und zu ihrer Alten freyheit der eigenen Guarnisoun wieder gelanget
...* [12, S. (117) f.].
Nachdem nun Otto kein sächsischer Ingenieur in der Stadt mehr sein konnte,
da die Garnison abgezogen war, bedurfte er einer gleichwertigen, neuen Fest-
anstellung. Er erhielt die Stelle eines 4. Bürgermeisters, mühte sich 30 Jahre
lang zunehmend und erfolgreich um die Belange der Stadt und baute seine
Privilegien weiter aus. Zu dieser Zeit glaubte er, für seine Alte Stadt Magdeburg und deren ersehnte Reichsfreiheit alles erreichen zu können. Mit dem
Ende der 10jährigen Besatzung und vieler Belagerungen begann ein neuer Ab-
schnitt in der Stadtgeschichte, der dem Streben nach den alten Privilegien und
dem Wiederaufbau gewidmet war.
Die ersten und wichtigsten Schritte in diese Richtung unternahm der Diplomat
Otto Gericke: ... *Siebendens. Indem man ... vermeinte, daß wegen sothanner
außgereichten Reverßen, die Stadt noch zu keinen geruhigen stand gelanget
wehre, auch Doct: Meurer der Stadt Hamburg, bey den friedens tractaten zu*

Oßnabrück, anwesender Abgesandter, dem Rathe anhero Notificirte, daß der Ertzstifftische Abgesandte alda, Doct. Krull ... daß eigene Praesidium in Magdeburg zu haben angegeben, darneben durch sein besonder Memorial vom dato Oßnabrück den 7 Martij instehenden 1646sten Jahres bey gesambten Reichständen einkommen wehre, sich beschwehrende: Daß der Hertzogk zu Friedland in ao: 1627 der Stadt daß festungsrächt, und darzu ein stücke Land, zusambt zweyen Städten dem Ertzstiffte zuständig, gegeben hette, welches nachgehendes zwardt, von Kayserl. May: Confirmiret worden, dieweil aber bey diesen friedenstractaten rühmblich getrachtet würde, daß ein ieder zu den seinigen hinwieder kehme, alß bete Er, es unbeschwehret dahin zu dirigiren helffen, damit solche außweisung und festungsrecht, möchte hinwiederumb Cassiret werdenn ... [12, S. (118)]

Somit wurde unsere Stadt wieder ein Präzedenzfall, der eigentlich durch Geheimverhandlungen, die sich hier schon andeuteten, entschieden war, aber durch die Zähigkeit des Rates und seines Diplomaten immer wieder an das Licht gezerrt wurde. Der endlose *Fall Magdeburg: ... dagegen iemandt naher Oßnabrück zu schicken, und der Stadt bestes alda suchen zulassen; Haben deßwegen abermahls mit sambt den Erb. Ausschoße einmüttig uff meine wenigkeit gestimmet, und nicht ablassen wollen, biß mich entlich darzu verstanden, und den 21 octobr: dießes 1646sten Jahres die reise dahin uff mich genommen ... also daß es viel schrifften gegen einander abgegeben, so in die offene dictatur unter allerseits hohe tractirende Stände gelanget, und fast ein Jahr lang große mühe und arbeit gekostet, den paragraphum entlich also, wie Er im friedenschlusse art: 11 stehet, zuerhalten, nehmblich:*

Der Stadt Magdeburg aber soll Ihre alte freyheit und daß Privilegium deß kaysers Ottonis I. vom 7 Junij ao: 940, ob gleich solches durch unstatten der Zeit verlohren wehre, auff derselben allerunterthänigstes ansuchen, von der Röm. Kayserl. May: erneuert: Wie auch, worin Sie der befestigung halber, von Kayserl. May: Ferdinando 2do privilegiret, mit aller Jurisdiction und properität, auff ein Virtell Teutscher Meil ersträcket, wie nicht weniger Ihre übrige Privilegien und rechte, im Geistl. und Weltlichen sachen gantz unverletzt verbleiben, mit dieser eingerucken außdrücklichen Clausul, daß zum nachteil der Stadt die Vorstädte nicht wieder solten auffgebauet werden ... [12, S. (118) f.].

Das war der Höhepunkt der diplomatischen Erfolge Gerickes. Als nicht akkreditierter Diplomat erreichte er über die Hansestädte und den engen Verbündeten Schweden, daß die von der Stadt erstrebte Reichsfreiheit in die Dokumente des Westfälischen Friedensschlusses eingebunden wurde. Welch diploma-

Otto Gericke, Gesandter des Westfälischen Friedenskongresses, 1647 [11]

tisches Geschick, welche Hartnäckigkeit und Ausdauer das gekostet haben
mag, ist schwerlich abzuschätzen. Auch die finanziellen Lasten waren groß,
denn Otto bezahlte seine Missionen teilweise aus eigenem Vermögen. Lediglich für die nicht kleinen Geld- und Sachgeschenke (Quittungen in den Kämmereiabrechnungen liegen vor) an die entscheidenden Verhandlungspartner stellte die Stadt größere Summen zur Verfügung. So war es nicht verwunderlich, daß Gericke nach Steuerfreiheit, Erlaß von Kontributionen, Wachten, Diensten usw. [13, S. 20] strebte und sie sich schriftlich vom Rat bestätigen ließ. Am 6. März 1649 erhielt er einen Immunitätsbrief der Stadt, der noch mehr-

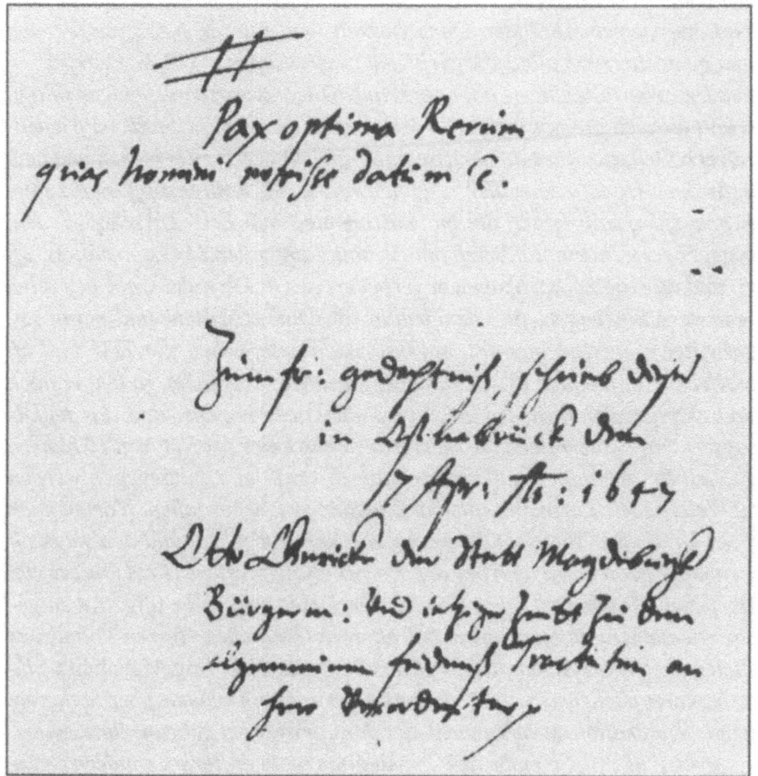

Von allen Gütern, die der Mensch kennt, ist der Frieden das Höchste.
Otto Gerickes Eintrag in ein Stammbuch, Osnabrück 1647 [39]

fach erweitert wurde. Und eine Mission folgte der anderen: ... *Es ist hiernechst nicht zu vergessen/ wie daß* Anno *1649 die Stadt Magdeburg den ... Herrn Bürgemeister wieder nach den* Executions-Tractaten *auff Nürnberg/ und von dar an Käyserl. Mayst.* Ferdinandum III. *geschicket/ woselbst Er über 2 Jahr lang sich auffgehalten/ und zu unterschiedlichen mahlen allergnädigste Audientz gehabt* ... [13, S. 20]. Im Detail lesen wir im *Memorial* ...: *Zum Achten. ... stracks nach geschlossenen frieden deßelben 1648sten Jahres den 13 Decembr: ... hatt E. E. Rath und Erb. Ausschoß, Mich wiederumb nacher Oßnabrück und Münster zuschicken, beschloßen ... Derowegen wohlgedachter Rath mit der Stände deß Erb. Ausschoßes reiffer erwegung, auch deroselben sonderbahren Verwilligung, mich und meinen Sohn, sambt unser beyden Witben, zur immerwehrenden Danckbarkeit, von nun an frey gesetzet, und Immun gemachet, von allen Bürgerlichen beschwerden* ... [12, S. (119)].
... Zum Neunden. Gleich wie aber eines auß dem andern zuentspringen pflägt, alßo hatt es auch die notturfft erfordert, daßienige waß die Stadt im friedenschluß erhalten, zur würcklichen Execution zu bringen ... zu schicken und umb behülffsahme Handt anzuruffen ... gleichwohl E. E. Rath fest uff meine Persohn bestanden, alß haben Sie mit Zustimmung deß Erb. Ausschoßes, den, mihr gegebenen Immunität Brieff am 12 Junij lauffenden 1649sten Jahres, uff mich, und alle meine nachkommen verbeßert ... Ob ich nuhn wohl bey allen vorigen verschickungen, die Memorialia (dt. Denkschriften) *und* petita (dt. Bittschriften) *selbst in* loco (dt. am Ort) *nach gelegenheit der Zeit, und uff befindlicher* Confidenten (dt. Vertrauten) *zurathen, abgefaßet, so hatt es doch Einen E. Rath und Ständen deß Erb. Ausschoßes mehr beliebet, daß, das deßfals an kayserl. May: überreichende Memorial sambt einen project, von 10 blätern lang ... alhier abgefaßet, und untern Raths Siegell mihr mitgegeben werden solte: Welches ich dan auch entlich also müßen geschehen laßen. Wormit mich den 17 Julij dießes 1649sten Jahres uff die Reise begeben, und den wegk uff Nürrenbergk genommen, und bey deß Herren Pfaltzgraffens (Karl Gustav von Zweibrücken) Hochfürstl. Durchl. alda verrichtet, waß mihr uffgetragen gewesen, wie auch nicht unterlaßen, deß kayserl. Gesandten Herren Volmarens (alß unter welches Händen dießes gantze* negotium (dt. Angelegenheit), *alle wege bey den friedenstractaten gelauffen) sein gueth achten über sothanne suchende declaration, zuvernehmen, der dan zur antwort gebenn: Ihr Kayserl. May: würden uff solche maße daß Privilegium nicht erclären, sondern es zuvor mit Chur Brandenburgk Communiciren, derowegen Er rathen wolte, man nehme erst daß Privilegum Confirmirt, und demonstrirte hernach den freyen Reichsstandt darauß* ... [12, S. (119) f.].

Hier ist schon erkennbar, daß die Entscheidung über den Verbleib Magdeburgs zugunsten Brandenburgs gefallen war. Diese Einsicht eröffnete sich unserem Diplomaten immer mehr. Sie wurde letztlich in seinen und des Rats Handlungen sichtbar. In Nürnberg war noch die Freie Reichsstadt Ziel der Verhandlungen. Das Wie war aber umstritten. Der Rat, Bürgermeister Stephan Lentke an der Spitze, wollte die Wege Ottos exakter festlegen. Gericke fand diese Verhaltensregeln zu starr. Er versuchte, sie aufzubrechen, was ihm nicht gelang. Gleichzeitig mißlangen auch die Missionsaufgaben:

... Welches ich also vom dato Nürrembergk den 4 Aug: an E. E. Rath berichtet: auch ferner nicht unterlaßen, deß Lübeckischen Syndici, Doct. Gloxini, meinung zuvernehmen; Der dan gleichsfals gantz nicht rathen wollen, daß Privilegium mit solcher declaration zu suchen, sondern vermeinet gehabt, wan daß Privilegium Corfirmiret, so könte die Stadt darauff bestehen, daß Sie vermüge deßen, und Ihrer Pristinae libertatis, eine freye Reichs Stadte wehre ... Welchem nach bey meiner ankunfft zu Wien Ihrer Kayserl. May: bey verstatteter allergnädigster Audienz, Ich daß besagte Memorial sub Senatus Sigillo (dt. unter Sigel des Senats) *sambt projecto, begerter declarationis allergehorsahmbst eingereichet, auch Nachgehendts darauff Sieben Virtell Jahr, (weil kayserl.*

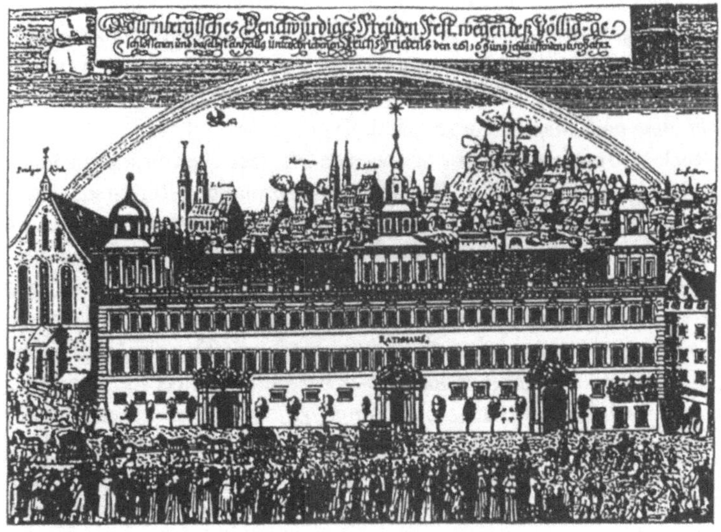

Nürnberger Rathaus während des Reichstages 1650 [19]

May: im friedenschluß nicht declariren wollen) mit hindansetzung meines pri-
vat wesens, warten müssen; Worüber auch der zu Nüremberg angesetzte
friedens Executions tagk zu ende gegangen ... [12, S. (120) f.].
Es bleibt aus heutiger Sicht ein Phänomen, wie Gericke diese Audienz beim
Kaiser erreichen konnte. Es kann nur auf die Wirkung seiner Gesamtperson,
auf hochrangige Fürsprecher und wohl auch auf das grausame Schicksal der
Stadt zurückgeführt werden. So gelang es unserem Otto Gericke, unter die 120
bedeutendsten Persönlichkeiten, wie Kurfürsten und deren Gesandte, zu gelangen, die während der Reichstage porträtiert und deren Bilder auf Bestel-
lung vervielfältigt und geliefert wurden. Ein weiteres wichtiges Bild stammte
von seinem Aufenthalt am Wiener Hof. Die Malerin Lucia Maria Lauch schuf
ca. 1650 das einzige erhaltene Farbporträt.
Otto Gericke hatte eine ungeheure Vorbildwirkung auf seinen schon 22jähri-
gen Sohn, der bei vielen Missionen, so auch nach Wien, mitreiste, häufig von
guten Diensten war und seinem Vater in nichts nachstand: ... *da dieser vor-*
treffliche Orth ihm (Otto jun.) ... *sonderlich wohl gefallen/ hat er sich daselbst*
lange Zeit auffgehalten/ die Exercitia, *Sprachen/* Studia Politica *und* Juridica
zu excoliren (dt. verfeinern)/ *also daß er auch bey selbiger* Academie *sein*
Studium triennale *laut des ihm ertheilten guten* Attestats *absolviret; Endlich*
da er stets die Collegia *und Wöchentliche* Disputationes *embsig besuchet/ in*
dortigem Collegio Juridico, *in Gegenwart vieler Abgesandten/ vornehmen*
Standes=Persohnen und Gelahrten publicè *mit vielen Lob* disputiret/ welches/
daß es an dortigem Catholischen Orthe einem Evangelischen verstattet wor-
den/ nicht ohne besondern favor (dt. Beifall) *geschehen* ... [34, S. 14].
Vor der Rückreise nach Magdeburg trennte sich Otto Gericke von seinem Sohn.
Dieser sollte eigene Wege gehen. Nach seinen mehrmaligen Reisen ins unga-
rische Königreich (eine Reise an den türkischen Hof wurde vom Vater verhindert) wollte er die wichtigsten italienischen Städte kennenlernen: ... *Von dan-*
nen er nachgehends über Florentz/ Bolonien/ Venedig/ den Rückweg auff
Inspruck/ Augspurg/ Ulm/ Tübingen und Straßburg genommen; an welchem
letztern Orthe er sich auch etwas auffgehalten/ und animiret *worden/ imgleichen*
daselbst eine öffentliche Disputation, *die er bereits* elaboriret (dt. sorgfältig
ausgearbeitet) *gehabt/ zu halten ... und einige trifftige Ursachen und Schrei-*
ben von Hause seine Zurückkunfft pressiret/ *hat er auch dieses ihm gefallen*
lassen ... [34, S. 14 f.]. Da wurde also der Sohn zurückgeholt, um bei seinem
immer gebrechlicher werdenden Vater zu sein. Die Rückreise nach Magdeburg im März 1651 mußte Gericke wegen einer Krankheit in Leipzig längere
Zeit unterbrechen. Aber sein Lebenswille war nicht zu brechen, was auch sein

Sohn erstaunt zur Kenntnis nehmen mußte. Die Geschäfte, zu denen der Sohn nach Magdeburg gerufen wurde, waren nämlich die, an der Hochzeit seines Vaters und den damit verbundene Regelungen der juristischen Verhältnisse teilzunehmen: ... *Als Er wieder zu Hause gekomen/ hat Er sich A. 52 den 13 May zum andern mahl in eine Christliche Ehe begeben/ und die WollEdle/ GroßEhr und Tugendreiche Jungfer Dorotheam Lentkin/ als des ... Hn. Bürge=meister Steffen Lentikens ... auch Erbherrn zu Bönckenbeck und Rothen=See gewesen ... Eheleiblich vielgeliebte Tochter geheurahtet/ mit welcher Er aber keine Kinder erzeuget ...* [13, S. 20 f.]. Unser Otto, fast 50 Jahre alt, heiratete standesgemäß Dorothea Lentke, 23 Jahre alt (geboren am 8. Mai 1629). Die Gericke-Familie erweiterte somit die Ratsverwandtschaft neben den Alemanns, Schultzes und Schmidts nun auch auf die Lentkes. Fußend auf diesen festen ökonomischen Grundlagen und der errungenen politischen Macht, strebte diese Ratsverwandtschaft über die Stadtgrenzen hinaus. Also wurden die Bewegungsfelder von Vater und Sohn Otto Gericke ins Reich hinaus gesteckt: ... *Zum Zehenden. Nachdem nuhn der Stadt Friedensgeschäffte also ins weitläufftige kommen, und I. Kayserl. M. im Augusto 1652 zu Prag angelanget, so hatt E. E. Rath vor gueth angesehen, mich nebest Herr Doct. Sellen dahin zu schicken, umb allerunterthänigst zu bitten: daß nuhr die renovatio Privilegij Ottonici* (dt. Erneuerung des Privilegs Ottos I.) *geschehen, und die Commission zu auß- und anmeßung der 1/4 Meil erkandt Ubriges, uff bevorstehenden Reichstagk, zu Regenspurg erörtert werden möchte ...* [12, S. (121)].
Die Reichstage waren aber nicht nur Versammlungen von Diplomaten, sondern auch Wissenschaftler und Händler, hier besonders Buchhändler, waren anwesend. Unser Otto lernte aus ihrem reichhaltigen Angebot neue Bücher kennen, die seine während des Studiums vorgeformten Ideen ansprachen und verfestigten. So erschien 1644 das viel diskutierte Buch von Descartes, *Principia* ... oder 1654 von Schyrl, die *Astronomie* ... oder 1647 von Valerian Magni über das *Vakuum* ..., 1641 die *Neue Astronomie* ... von Kepler, 1648 von Zucchi über *Vakuum, Nichtvakuum und Experiment* ... . Gleichzeitig wurden die neuesten Ergebnisse der Wissenschaften diskutiert. Dazu gehörten die Neue Astronomie, die entstehende Neue Wissenschaft (Physik) und sicher das von Galilei benutze Experiment als neue Methode, die unserem Ingenieur sehr entgegenkam. Wie Otto Gericke selber schrieb, hatte er viel Zeit an den Verhandlungsorten der Reichstage. Er nutzte sie wohl sinnvoll.

9 Das Neue Magdeburger Experiment

Verweilen wir auf dem Reichstag zu Regensburg 1653/54. Er wurde für Otto Gericke zu einer seinen weiteren Lebensweg bestimmenden Station: ... *Zum Elfften. Dieweil nuhn die sache uff den Reichstagk verwiesen, hatt man billig von seiten der Stadt dahin schicken müßen, worzu den alles einwendens, daß es eine abermahlige langwierige beschwerliche reise sein würde, ungeacht uff Mich ... gestimmet worden, alßo daß ich mich entlich nicht entbrechen möge, auch solche Expedition, wiewohl ichs nicht schuldig, uff mich zunehmen ... Also daß ich alda wiederumb 1 1/2 Jahr liegen und warten müßen* ... [12, S. (121)]. Seit dem 13. Februar befanden sich Otto Gericke und Dr. Bertram Selle hier in Regensburg, aber wenig geschah. Die Eröffnung wurde von Monat zu Monat verzögert. Grund dafür waren zuerst die Auseinandersetzungen zwischen Schweden und Brandenburg um Hinterpommern, die bei zunehmender Schwäche Schwedens zugunsten der Brandenburger ausgingen, und dann die Wahl Ferdinand IV. zum Römischen König am 31. Mai 1653 in Augsburg. Nachdem am 18. Juni dessen Krönung in Regensburg erfolgte, eröffnete der Kaiser am 30. Juni 1653 den Reichstag. Aber schon am 19. Juni erreichte Otto eine Audienz beim Kaiser und neuen König, um die Huldigung der Alten Stadt Magdeburg darzubringen und an ihre Anliegen zu erinnern. Es gelang ihm trotz großer Mühen nicht, die Magdeburger Sache, die auf dem Reichstag als untergeordnet eingestuft wurde, zur Verhandlung zu bringen.

Im August 1653 traf er den *langen Mönch*, Pater Valerian Magni, der dem Kapuzinerorden angehörte [41]. Dieser nutzte seine aufsehenerregenden Experimente über den Luftdruck im Sinne seiner missionarischen, aber ebenso auch diplomatischen Bemühungen zur Rekatholisierung. Zu diesem Zeitpunkt mußte Otto schon eigene Versuche ausgeführt haben, denn beider Diskussionen führten dazu, daß Magni ihm sein Büchlein *Demonstratio ocularis loci sine locato* ..., Warschau 1647 schenkte. Der lange Mönch scheint Gericke beeindruckt und veranlaßt zu haben, seine Experimente unmittelbar in Regensburg vorzuführen. Im Dezember 1653 reiste Otto wegen einer Krankheit seiner Frau nach Magdeburg und brachte die Versuchsgeräte mit, die er dann zuerst im kleineren Kreis und später immer höhergestellten Personen vorführte: ... *und als Er lange auff selbigen Reichstage sich auffgehalten/ hat Er der damals allerhöchstermeldter Käyserl. Mayst. Ferdinando III. auch allen anwesenden Churfürsten und Fürsten seine neue noch nie* inventirte (dt. erfundene) experimenta Mathematica *aller= und unterthänigst* demonstriret, *so daß die Churfürsten in hoher Persohn seine Behausunge in Gnaden gewürdiget/*

sie mit Verwunderung angeschauet/ und ein gar gnädigstes Vergnügen daran gehabt ... [13, S. 21]. Die Versuche hatten etwa im Mai/Juni 1654 eine Ausgereiftheit und Qualität, die vermuten läßt, daß sie schon häufiger ausgeführt wurden. Welche Versuche er vorführte, läßt sich aus seinem späteren, weiter unten ausgeführten Briefwechsel mit Gaspar Schott entnehmen.

Weniger erfolgreich scheinen seine diplomatischen Bemühungen für eine Freie Reichsstadt Magdeburg gewesen zu sein. Im Januar 1654 setzte der Administrator August wegen finanzieller Forderungen die Stadt unter Druck. Der Schiffsverkehr wurde gesperrt und die Zahlung der Kornpachten verhindert. Daraufhin bemühte sich Otto um eine weitere Audienz beim Kaiser, die er auch mit Hilfe seiner Magdeburger Experimente am 17. März 1654 erreichte. So kam aufgrund seiner Bemühungen die Magdeburger Sache am 6./16. Mai, kurz vor Abschluß des Reichstages, doch noch zur Verhandlung und wurde folgendermaßen entschieden:

... 1. Der Kaiser möge der Stadt Magdeburg die Bestätigung des Privilegii Otto's I. nicht verweigern, falls dieselbe ein authentisches Exemplar von letzerm beibringe. 2. Die Stadt sei aber ... dennoch als Landstadt dem Erzstifte und dessen Administrator die hergebrachte Erbhuldigung ... zu leisten schuldig ... 3. Das Wiederaufbauen der beiden Landstädte Neustadt und Sudenburg sei ... keineswegs zu verwehren ... 4. Mit der Extension der im Friedensschluß bewilligten Viertelmeile Weges des der Altstadt Magdeburg zugewandten Territorii könne es keinen andern Verstand haben, als daß solche Erweiterung von den Mauern derselben genommen und der geraden Linie nach ausgezogen werden solle ... 5. Daß die geistlichen und weltlichen Güter in diesem Bezirke ... der Stadt Magdeburg zugeeignet, ist schon bei den Friedenstractaten in Abrede gestellt ... 6. Da sich die Stadt Magdeburg während des Krieges eigenmächtig ein Stapelrecht angemaßt hat und sich untersteht, die Niederlage in der chursächsischen Stadt Burg im Rosenthal zu verhindern: so soll ... der Kaiser ersucht werden, das eine wie das andere aufzuheben und zu untersagen ... [16, S. 269 f.].

Das war nicht nur eine totale, katastrophale Niederlage der Mission, sondern eine böswillige Beschneidung der über viele Jahrhunderte erkämpften und anerkannten Rechte der Stadt. Die Reichsstädte sowie Bürgermeister Gericke und Syndikus Dr. Selle protestierten am 8./18. und 16./26. Mai. Trotzdem wurde der Niedersächsische Kreis aufgefordert, diesen Beschluß auf der niederen Kreisebene zu vollziehen, was die Niederlage komplettierte. Gericke und Selle kehrten deprimiert und geschlagen am 13. Juni 1654 aus Regensburg zurück. Das hatte Folgen für den langjährig erfolgreichen Diplomaten der Stadt Magdeburg, Otto Gericke. In den Folgeverhandlungen im Rahmen des Niedersächsischen Kreises wurde er teilweise von Dr. Peter Iden und Gottfried Rosenstock vertreten.

Unser Otto widmete sich nun verstärkt den täglichen Geschäften und seiner Familie. Die Hochzeit seines Sohnes, Otto Gericke jun., fast 27 Jahre alt, mit Catharina Dorothea von Bunsow, 19 Jahre alt, auf dem Domhof zu Ratzeburg war zum 11. Oktober 1655 festgesetzt. Er wählte sich eine würdige Frau. In den Personalia seines Sohnes und seiner Schwiegertochter steht: ... *Da es sich fügte/ daß er wegen einiger Angelegenheiten eine Reise in Nieder=Sachsen nach Hamburg/ Lübeck und Ratzeburg zu thun/ ward er an diesem letzten Orth bekandt mit dem Fürstlich Mecklenburgischen Geheimbten= und Cammer=Raht/ auch Thumb=Herrn und* Senioren *des Fürstlichen Stiffts Ratzeburg/ Herrn Ernst von Bunsow/ und hatte dabey Gelegenheit/ dessen* Familie *kennen zu lernen und zu sprechen/ da er dann zu dessen/ mit allen anständigen Tugenden und guten* Qualitäten *begabten ältisten Tochter/ mit Nahmen* Catharina Dorothea, *sofort eine besondere* inclination (dt. Zuneigung) *getragen/ und beständig geheget ...* [34, S. 15]. ... *endlich auch selbige dem Herrn Vater entdecket/ welcher auch darauff gegen* Affection (dt. Zuneigung) *sattsam verspüren lassen ... darauff auch die Hochzeit Anno 1655. den 11. Octob. in bey sein 5. Fürstlicher/ wie auch Herrn Standes/ vom Adel/ und anderer vornehmen Personen/ uffm DomHoff* celebriret *und gehalten worden ... und folgendes Jahres drauff den 1. Martij nacher Magdeburg gezogen/ da sie dann selbigen Jahres als Anno 1556. den 14.* Julij *eine Tochter/ Namens* Juliana, *zur Welt gebohren/ welche aber bald nach 3/4 Jahren diese Welt gesegnet ...* [42, S. 64 f.].

Die Niederlagen in der Diplomatie, die glückliche, aber keinen Stammhalter hervorbringende Ehe seines Sohnes, die zunehmend Wirkung zeigende Schwindsucht seiner Schwiegertochter, wie auch Probleme mit dem eigenen Gesundheitszustand, trieben Bürgermeister Gericke in seine heimische Studierstube. In ihr vergrub er sich, um seinen Drang nach Neuem zu befriedigen, um diese Neuen Wissenschaften und die daraus zu beschreibende Neue Welt genauer zu betrachten, zu diskutieren und augenscheinlich zu präsentieren. 54jährig, begann Otto Gericke Korrespondenzen über die von ihm in Magdeburg gemachten Versuche.

Der Briefwechsel mit Gaspar Schott ragte aus allen heraus. Schott beschrieb in seiner *Mechanica hydraulico-pneumatica* im *Vorwort an meinen Leser* den Zustand der Forschungen folgendermaßen: ... *Mit wie großem Beifall die gelehrte Welt das neuartige Experiment mit in eine Glasröhre eingeschlossenem*

Quecksilber aufgenommen und beobachtet hat, welches vor einigen Jahren (1644 in einem Brief beschrieben) zuerst von dem hervorragenden Naturwissenschaftler Evangelista Torricelli und dann auch in Polen von Pater Valerian Magnus erfunden und veröffentlicht worden ist, das bezeugen Schriften vieler hochgelehrter Männer, die sich damit befassen, nämlich die des Marinus Mersennius, Athanasius Kircher, Nikolaus Zucchius, Paul Casatus, Valerian Magnus, Emanuel Magnanus, Harstorfer, Chydraeus, Cornaeus und anderer, von denen einige mit großem Eifer behaupten, daß dadurch das Vakuum bewiesen werde, andere aber, daß es dadurch als nichtexistent erwiesen sei; dieser Streit ist noch längst nicht entschieden.

Hier führe ich ein neues Versuchsinstrument vor, komplizierter und weitaus durchdachter als das frühere. Sein Erfinder ist der wohlgeborene und hochangesehene Herr Otto Gericke, Patrizier und Bürgermeister der Stadt Magdeburg sowie dieser Stadt Gesandter bei den Verhandlungen zum Abschluß eines allgemeinen Friedens zu Münster ...

... Er hat sie auch auf dem vor kurzem abgehaltenen Reichstag in Regensburg seiner Eminenz dem Reichsfürsten Johann Philipp, Erzbischof von Mainz und Bischof von Würzburg übergeben, welcher sie in seiner Würzburger Burg aufbewahrt; dort habe ich mehrmals, in Anwesenheit seiner Eminenz des Reichsfürsten, den gesamten Apparat gesehen, geprüft und beschrieben und ihn den Gelehrten in Rom und anderswo bekannt gemacht und sie um ihr Urteil darüber ersucht; und es gibt keinen, der nicht den Erfindungsgeist seines Urhebers gelobt hätte ... [44, S. 115].

Unklar bleibt, wann Gericke die Experimente mit der Vakuumluftpumpe begann. Anregungen erhielt er durch die Diskussionen in der durch die diplomatischen Missionen zugänglichen Literatur und durch an Naturphilosophie interessierte Personen. Der unmittelbare Anstoß zur Realisierung konnte möglicherweise während seines Aufenthalts in Nürnberg 1649 gegeben worden sein, als er die hier schon traditionsreiche Herstellung von Handfeuerspritzen bei den berühmten Nürnberger Rotgießern entdeckte. Auf Anraten von Athanasius Kircher, dem er von diesen Experimenten berichtete, nahm Gaspar Schott, Professor für Philosophie und Mathematik aus Würzburg und Beichtvater Johann Philipp von Schönborns, 1656 den Briefwechsel mit Otto Gericke auf. Unser Otto, ob der Resonanz sowie der konkreten und sachlichen Fragen des in der Mechanik und Hydrostatik erfahrenen Schotts erfreut, schrieb seinen ersten uns bekannten Antwortbrief am 18. Juni 1656: *... Meine Erfindung dient eigentlich zu dem Zweck, daß ich dadurch beweisen kann, daß Luft nichts anderes ist als Dampf oder eine Ausdünstung der Erde, welche sie mit einem*

Guerickes Förderer, Johann Philipp von Schönborn, Fürstbischoff, 1647 [11]

gewissen und feststehenden Gewicht umgibt sowie alles durchdringt, was nicht von irgendeinem anderen Körper ausgefüllt ist; und weil die Erde selbst sich sowohl täglich dreht als auch einen Jahresumlauf hat, bildet die Luft auch mit ihr zusammen gleichsam einen Körper. Um dies zu zeigen habe ich verschiedene Experimente angestellt, habe aber keines davon für geeigneter erfunden als dies ... die mit zwei Ventilen ausgestattete Pumpe ... Die Anwendung und der Nutzen des genannten Experimentes ist, kurz gesagt, das Folgende: I. Man kann dabei feststellen, wie groß die Schwere der uns umgebenden Luft ist und wie weit sie das Wasser in eine entleerte Röhre zu treiben vermag (Wasserbarometer). II. Wenn man auf ein leergepumptes kugelförmiges Glasgefäß ein anderes setzt, das nicht kugelförmig ist, um die Luft in dieser mit Gewalt aus dem anderen ziehen zu lassen, so zieht sich das nicht kugelförmige Gefäß gleichsam zusammen und zerbricht mit großem Getöse in tausend Stückchen (Implosion). III. Wir können die im Glasgefäß eingeschlossene Luft wiegen, denn um wieviel der Glasballon nach dem Herausziehen der Luft leichter ist, soviel wiegt die Luft, die zuvor in ihm enthalten war ... (Wägen der Luft). IV. Anhand dieses Experimentes kann man die wahre und eigentümliche Ursache von Winden und Wolken erfassen, wenn in verschlossenen Glasgefäßen Wind erregt wird und Wolken auf ihn folgen (Kondensation bei Unterdruck) ... [44, S. 119].

Mit diesem Brief waren auch die sogenannten *Regensburger Experimente* Otto Gerickes umrissen, die er auf dem Reichstag 1654 vor einem größeren Publikumskreis vorführte. Dazu gehörten das Leerpumpen von Glasgefäßen, das Einströmenlassen von Luft und Wasser in das leere Gefäß, das Wägen der Luft und die Implosion von nicht so stabilen Glasgefäßen, ... *wobei die Glassplitter bis an die Zimmerdecke geflogen sind und die Augen der Teilnehmer bedrohten ...* [44, S. 120]. Es folgten weitere Briefe, in denen hauptsächlich über das Wasserbarometer und seine Eigenschaften diskutiert wurde. Otto war außerdem bestrebt, die Methode der Erzeugung eines absoluten Vakuums zu präsentieren. Erstmals beschrieb er einen Versuch mit Halbkugeln (ca. 20 cm Durchmesser), bei dem sechs starke Männer den Luftdruck nicht überwinden konnten.

Die einsetzende Begeisterung für Gerickes Versuche veranlaßte Schott, umgehend eigene Experimente und den begonnenen Briefwechsel zu veröffentlichen. 1657 erschien in Würzburg seine *Mechanica hydraulico-pneumatica.* Das Buch war fertig und wurde noch im letzten Moment vor der Drucklegung mit einem Anhang von 40 Druckseiten und 2 Bildern über *Das Neue Magdeburger Experiment durch welches die Einen die Existenz des Vakuums zu er-*

weisen, die Anderen den Gegenbeweis zu erstellen bestrebt sind; zuerst in Magdeburg erdacht von dem hochwohlgeborenen und hochangesehenen Herrn Otto Gericke, Bürgermeister derselben Stadt ... ergänzt [44, S. 115]. Damit prägte Gaspar Schott den Begriff *Magdeburger Experiment oder Versuch.*

In einer hier zum erstenmal veröffentlichten Bedienungsanleitung und Abbildung von Gerickes Vakuumpumpe, wir nennen sie Pumpe 0. Bauart, beschrieb er die Herstellung eines luftleeren Raumes in einem Glasgefäß. Diese Darstellung geschah mit dem Einverständnis, unter der direkten Einflußnahme Otto Gerickes und ist somit als seine *erste wissenschaftliche Veröffentlichung* zu werten. Mit den Gutachten von Athanasius Kircher SJ (Jesuitenorden), der mit dem *Magdeburger Versuch* ein Vakuum als nicht bewiesen ansah, von Nikolaus Zucchi SJ, der in Rom das Experiment sogar als Bestätigung des Nicht-

Erste Abbildung der Vakuumluftpumpe bei Gaspar Schott, 1657 [44]

vorhandenseins eines Vakuums heranzog, und von Pater Melchior Cornaeus SJ [40] entfachte Schott den wissenschaftlichen Meinungsstreit.
In diesem Zusammenhang wird häufig die Frage aufgeworfen, warum gerade in Magdeburg der Durchbruch zu einer neuen Dimension der Vakuumforschung und -technik gelang. Eine Analyse der Voraussetzungen für Otto Gerickes Tätigkeit ergibt folgende Schwerpunkte: 1. Die Kenntnis des Kopernikanischen Weltbildes und dessen Diskussion, was besonders in Leiden und auf seinen diplomatischen Missionen geprägt wurde. 2. Das Vertreten atomistischer Anschauungen. 3. Das Erkennen der Bedeutung von Praxis und Experiment durch seine Tätigkeit als Ingenieur und Bauherr für die Stadt. 4. Das Kennenlernen von Feuerspritzen bei großen Stadtbränden und die Herstellung der Handspritzen, besonders in Nürnberg, was durch die diplomatischen Missionen dorthin möglich wurde. 5. Seine Kenntnisse im Umgang mit den Holz- und Kupfergefäßen aus der eigenen Brauerei. 6. Die Einschätzung der Fähigkeiten der Magdeburger Handwerke, durch lange Erfahrung als Kämmerer, Bauherr und Bürgermeister. 7. Das überdurchschnittlich entwickelte Magdeburger metallbe- und verarbeitende Handwerk, bei dem er viele Experimentiergeräte fertigen ließ und das seinen oft vagen Vorstellungen gemäß fertigen konnte. 8. Das gebildete Umfeld der Magdeburger Patrizier und besonders der Freunde Ottos, mit denen er die Experimente offen diskutieren konnte, und die ihn zur Veröffentlichung seiner Erkenntnisse trieben. 9. Seine großen finanziellen Mittel, da er 20 000 Thaler für seine Experimente und Geräte aufwandte (sehr gut bezahlte Stelle als Bürgermeisters mit 200 Thalern jährlich). Wiederum ist die enge Verschmelzung von persönlichen Voraussetzungen mit denen der Stadt Magdeburg zu erkennen, die diese bedeutenden Leistungen im Entstehungsprozeß der Neuen Wissenschaften möglich machte.
Komplizierter und schwieriger verhielt es sich mit seinen weiteren diplomatischen Aktivitäten. Die Delegierung des Magdeburger Falls auf die untergeordnete Ebene des Niedersächsischen Kreises verhieß nichts Gutes: ... *Zum Zwölfften. Undt nachdem nuhn die declaration gestalter maßen wiederig gefallen, seind darauß wie leicht zu erachten, immer mehr weiterungen, tractaten, verschickungen, und reisen, entsproßen, welchen ich beyzuwohnen iedesmahls ersuchet worden; alß nacher Helmstädt, Halle, Berlin, Quedlenburg etc: davon viel weitläufftigkeit zu machen, überflüssig erachte* ... [12, S. (121)].
1658 weilte Otto Gericke gemeinsam mit Dr. Peter Iden erstmals in Cölln (erst später Berlin) beim Brandenburgischen Kurfürsten Friedrich Wilhelm, um eine Rücknahme dessen Huldigungsverlangens, also der Unterwerfung der Stadt, zu erlangen. Die Machtkonstellationen hatten sich aber wesentlich geändert.

Friedrich Wilhelm wollte das Erzstift Magdeburg einschließlich der großen Stadt. Gericke mußte dies recht frühzeitig, aber mit Schmerzen und Verzweiflung, gespürt und erkannt haben. Die Reichsfreiheit, dieses Idealbild der Patrizier, war für Magdeburg unter den sich verändernden äußeren Bedingungen nicht erreichbar. Zu der wachsenden diplomatischen Erfolglosigkeit gesellten sich Phasen schwererer Krankheiten, vielleicht auch Depressionen. 1659 mußte unser Otto längere Zeit das Bett hüten. Andere Persönlichkeiten, die mit ihm gemeinsam die Stadt nach der Zerstörung wieder zum Leben erweckt hatten, verließen ihn. So starben in diesen Jahren Bürgermeister Georg Kühlewein, der Domprediger Dr. Reinhard Backe, der bekannte Pastor zu St. Johannis Tobias Cuno und der Kurfürst von Sachsen, Johann Georg I.

Aber dem Bürgermeister Otto Gericke trieb die schwere Last der Verantwortung aus Tradition weiter, so auch zu seiner letzten großen Mission vom 5. Juli 1659 bis 29. Januar 1660 nach Wien, um im Auftrag der Stadt gemeinsam mit Dr. Peter Iden den neuen Kaiser Leopold I. zu begrüßen: ... *die reise ... nacher Wien beschehen, gar gefehr- und beschwehrlich gewesen, in dem ich zugleich alda eine große Kranckheit, wegen eines hitzigen fiebers außgestanden, daß mihr die Medici durch meinen mit Collegen Herren Consiliarium Doct. Pet: Iden sagen laßen, wan ich meines haußes halber, waß zu bestellen hette, solte es thun, Sie wüsten nicht, waß Gott bey mihr, zumahlen ich schon im zimblichen hohen Alter, thun würde* ... [12, S. (121) f.]. Auch von hier kehrten die beiden Gesandten ohne Bestätigung der Privilegien zurück. Noch im gleichen Jahr mußte die Stadt die Oberhoheit der Brandenburger anerkennen, obwohl sie weiterhin die Huldigung verweigerte. Weitere diplomatische Missionen erübrigten sich.

Als unser Otto nach Magdeburg zurückkehrte, war seine Schwiegertochter Catharina Dorothea durch die fortschreitende Schwindsucht so geschwächt, daß sie am 24. März 1660 starb, ohne einen Stammhalter geboren zu haben. Wir lesen am Ende ihrer Personalia: ... *In wehrenden ihren Ehestande hat sie mit ihren EheHerrn ... eine recht Christliche/ friedliche/ wohlgerathene und erwünschete Ehe besessen ... Inmassen auch bekant/ daß Sie in ihren gantzen Leben und Wandel recht Christlich/ Sittsam/ Erbar/ Tugendhafft/ freundlich und Ehrerbietig gewesen/ wie ihr das alle diejenigen/ so sie gekant/ Zeugniß geben* ... [42, S. 65 f.] ... *in welchen leisen Schlaff sie auch ohne die geringste bewegung und zückung einiges Gliedes sanfft und selig in ihrem Erlöser JEsu Christo zwischen 6. und 7. Uhr Abends verschieden und eingeschlaffen/ nach dem sie 24. Jahr 2. Monath und 14. Tage gelebet* ... [42, S. 70]. Das feierliche Leichenbegängnis fand am 8. April 1660 in der Ulrichskirche unter Leitung

des Pastors Johann Böttiger statt. Beigesetzt wurde sie am gleichen Tage im Erbbegräbnis zu St. Johannis. Die Alemannsche Gruft ging 1658 per Vergleich an Otto Gericke über und war nunmehr das Erbbegräbnis seiner Familie.
Das Jahr 1660 klang für die wissenschaftliche Tätigkeit erfolgreich aus. Mit seinem Wettermännchen sagte Gericke einen Sturm voraus, der auch tatsächlich eintraf. Und Robert Boyles Buch *New Experiments physico mechanical ...*

Robert Boyle mit seiner Pumpe 1. Bauart, 1664 [19]

erschien in London. Dort wurde Gericke als der Erfinder der Luftpumpe anerkannt: ... *daß er* (Schott) *den edlen und sorgfältigen Gelehrten* Otto Gericke,
Bürgermeister von Magdeburg darin erwähnt, der vor kurzem in Deutschland
Glasgefäße leergepumpt hat ... *da aber jener edle Mann mir mit der Darstellung so wesentlicher Auswirkungen durch das Herausziehen der Luft zuvorgekommen ist, so hielt ich es für angebracht, anzuerkennen, welche Unterstützung und welchen Ansporn die Kenntnis der von ihm dargebotenen Dinge mir
gegeben hat* ... [45, S. 79].
Gericke blieb also nicht allein. Robert Boyle und Robert Hooke in England,
Christiaan Huygens und Denis Papin in den Niederlanden und dann in Frankreich, Johann Christoph Sturm mit seinem Experimentierkollegium in Deutschland nahmen die Versuche erfreut und interessiert entgegen und fügten neue
Geräte und Experimente [46] hinzu. Nur schwerlich und mühsam konnte Otto
den nun folgenden Anforderungen und Anfragen nachkommen.
Nach und nach überwanden er und andere die Physik des genialen Aristoteles.
Unser Otto Gericke in Magdeburg nahm die Herausforderung an und beeinflußte von 1657 an aktiv, obwohl nicht Akademiker und fern der Universitäten, das Für und Wider der Vakuumdiskussion.

10 Das naturphilosophische Hauptwerk

Otto Gericke nahm, durch den großen Widerhall seiner Experimente überrascht und in seinen Ansichten bestärkt, den unterbrochenen Briefwechsel mit Gaspar Schott in Würzburg wieder auf und schrieb ihm im Herbst 1661 über die im Sommer des gleichen Jahres erfolgreich durchgeführten Versuche: ... *Was meinen Traktat betrifft, den ich unter meinen Händen habe, bemühe ich mich, ihn zu Papier zu bringen, soweit Muße und Geschäfte es erlauben ... Doch die Sache schreitet äußerst langsam voran, einmal wegen der Abhaltungen durch andere Aufgaben, zum anderen da ich jeder helfenden Hand entbehre. Ich spüre auch nicht geringe Schwierigkeit beim Lateinschreiben, da ja seit Absolvierung des Studienganges in den Universitäten nicht weniger als 38 Jahre verflossen sind ...* [44, S. 144]. In diesem Brief vom 16./26. November 1661, den Gaspar Schott später als den Beginn der *Neuen Magdeburger Experimente* bezeichnete, wurden der Galgenversuch mit den kleinen Halbkugeln, der Versuch mit den großen Magdeburger Halbkugeln von einer Magdeburger Elle (ca. 60 cm) Durchmesser und den 16 Pferden, der Galgenversuch mit dem Zylinder und der Hebeversuch am Galgen erstmals beschrieben, wobei Otto die Schwereänderung der Luft mit seinem Wettermännlein und die Wärme der Luft mit dem Magdeburger Thermometer erfaßte. Getrieben durch Gaspar Schott, Bekannte, Gelehrte und das ihm im Mai 1662 zugesandte Buch Robert Boyles [45], schrieb er seine Versuchsergebnisse und besonders ihre Deutung endlich nieder.

Bleiben wir aber noch im Jahr 1662 und in der Familie. Am 11. Februar heiratete Ottos Sohn, 34 Jahre alt, in zweiter Ehe die Hamburgerin Hedwig Ulcken, 31 Jahre alt, in ihrer Heimatstadt, wohin auch unser zufriedener Vater reiste, um an den Festlichkeiten teilzunehmen. Über die neue Schwiegertochter steht in deren Personalia: ... *Hedwig ist ... Anno 1631. den 17. Septembris in Hamburg an diese Welt gebohren ... Sie dannenhero zu wahrer GOttes-Furcht und allen wohlanstehenden Tugenden treulich angewiesen/ auch da mit heranwachsenden Jahren ein sehr fähiger Verstand ... und viele von GOtt verliehene Gaben verspühret worden/ in verschiedenen frembden Sprachen und allerhand Wissenschafften unterrichten lassen/ in welchen Sie dergestalt* proficiret/ *und ihre* Education (dt. Erziehung) *so glücklich von statten gegangen ... Nach erreichten Jahren hat es der Allerhöchste also gefüget/ daß Sie mit vorhergegangenen Rath und* Consens *ihrer zu der Zeit noch im Leben gewesenen Frau Mutter/ und anderer nahen Anverwandten/ mit dem damals Fürstlichen Anhaltinischen Hoffrathe und* Canonico *der* Primat *Ertz=Bischöfl. Stiffts=*

Kirchen St. Nicolai *in Magdeburg Herrn Otto Gericke* (jun.) ... *Anno 1662. den 6.* Januarii *in ein Christliches Ehe=Gelübde sich eingelassen/ so denn 11 folgenden Monaths* Februarii *in verschiedener Churfürstl. und Fürstl.* Ministrorum *und anderer vornehmen Persohnen Gegenwarth durch die Pristerliche* Copulation *vollenzogen worden/ worauff Sie bald mit ihrem Ehe=Herrn nacher Magdeburg Sich begeben* ...

... *denselben eine kurtze Zeit* (4. Januar 1663) *hernacher zu Seinem Raht und* Residenten (des Kurfürsten von Brandenburg, Friedrich Wilhelm) *nacher Hamburg gnädigst verordnet/ mit Ihme wieder dahin gekommen* ... [47, S. 14 f.]. ... *in solcher beglückten Ehe erzeuget hatte 6 Kinder/ als nemlich Herrn Leberecht Găricke* (27.November 1662 - 28.August 1737)/ (später) *Ihro Königl. Majestät in Preussen bey dero Hertzogthumb Magdeburg bestalten Regierungs=Raht* ... *Ferner ist hierauff gefolget ein Töchterlein/* Lovise Eleonora (3. November 1664 - 31. Mai 1665) *genandt/ welches nach einem kurtzen Alter von sieben Monathen als eine zarte Blume verwelcken* ... *müssen* ... [34, S. 17]. Damit war der große Wunsch seines Vaters nach einem Stammhalter erfüllt. Der Enkel Leberecht entwickelte sich durchaus den Erwartungen gemäß. Als unser Bürgermeister im Februar 1662 von der Hochzeitsfeier in Hamburg nach Magdeburg zurückkam, lag schon wieder ein Brief von Gaspar Schott auf Gerickes Arbeitstisch, den er ausführlich am 28. Februar 1662 beantwortete. Es folgten Briefe vom 15./25. April, 10. Mai, 22. Juli und der letzte vom 1. Oktober 1662, die alle in Gaspar Schotts *Technica curiosa* 1664 veröffentlicht wurden.

Mittlerweile hatte unser Otto das von Freunden in Magdeburg und anderswo angeregte Buchmanuskript fertiggestellt. Er unterzeichnete es mit dem 14. März 1663, brachte aber in den nächsten fast acht Jahren laufend Veränderungen ein und fügte Neues hinzu. Im Oktober 1663 besuchte der Herzog von Chevreuse mit seinem Reisebegleiter Monconys, der später darüber ein Tagebuch in Französisch (1665/66) und 1697 eine deutsche Übersetzung [48] veröffentlichte. Am 21. Oktober 1663 reisten beide mit einer Kutsche in Magdeburg ein und blieben bis zum 23. Oktober. Monconys schrieb über seine Eindrücke: ... *kamen um 5. Uhr Abends 3. Meilen von dem Dorff/ einen schönen Weg über ebenes Feld und Dörffer/ nach Magdeburg/ eine ziemlich grosse Stadt/ die sich aber von den zwo letzten Plünderungen/ da sie nemlich von der Käyserlichen/ und hernach von der Königlichen Schwedischen Armee gewaltig ruiniret worden/ noch nicht wieder hat erhohlen können* ... *Es war eine grosse Strasse/ da ein neuer Bau wieder angefangen wurde. Die Festungs=Wercke der Stadt sind eben die besten nicht/ doch liegt vorne vor dem einen Thore ein sehr gutes*

fraisirtes *oder mit starcken Baum=Höltzern versichertes Horn=Werck*... [48,
S. 698]. Die Brandmale der Verwüstung von 1631 waren also noch 30 Jahre
später deutlich zu erkennen, aber auch der Neuaufbau der Stadt war nicht zu
übersehen. Monconys, wie auch der Herzog, besuchten Gericke: ...*Den 22.
sprach ich den in der* Pneumatischen *Wissenschafft sehrgelehrten Bürgermeister daselbst Herr* Otho Guerikens (beachte die Schreibweise des Franzosen),
und sahe bey ihm Eine grosse Menge allerhand Gefässe/ die viam aëris
elasticam (dt. die Kraft der elastischen Luft) *zu* demonstriren; *als zum Exem-
pel/ zwo kupfferne halbe Kugeln/ welche/ wenn die Lufft herausgezogen wor-
den/ auch 80 vorgespannte Pferde nicht sollten von einander ziehen können* ...
[48, S. 698].
Später erfuhr er etwas über die Schwefelkugel und sah die Experimente damit:
... *So stunde er auch in den Gedancken/ die Erde ziehe unaufhörlich alle Sachen an sich; dieses aber klar zu machen/ hatte er einen* globum *von 1/2 Fuß
im Durchschnitt oder* diametro, *so/ wie er sagte/ aus neunerley Mineralien
gemacht; er war gelblicht/ und wie Kitte oder Hartz sehr* polirt *und glatt/
wenn man selbigen nur ein wenig riebe/ so zog er kleine Blättgen von gewissen Hülsenfrüchten/ und Pflaumfedern an sich; das artigste aber war/ daß er
diese Federn an sich zog/ und wieder fallen ließ/ wieder anzog/ und wieder
fallen ließ/ und das ohne Auffhören* ... [48, S. 698 f.]. Was Monconys hier sah
und beschrieb, war die wechselseitige Auf- und Entladung, der Transport von

Erste Abbildung der Schwefelkugel und der Elektrisiermaschine, 1672 [49]

Ladung durch eine Feder. Damit sind diese elektrostatischen Versuche Gerickes und ebenso die Leitung elektrischer Ladungen, die er entdeckte, vor
Oktober 1663 zu datieren.

Noch einmal bereitete der Naturforscher und Bürgermeister Otto Gericke eine
größere Reise vor. Der Kurfürst Friedrich Wilhelm hatte ihn aufgefordert, seine Experimente *endlich* im Schloß zu Cölln (Berlin) vorzuführen. Sicherlich
wollte er auch detaillierte Kenntnisse über die Magdeburger Verhältnisse erhalten, um seine weitere Handlung bezüglich der Stadt zu fundieren. Otto nutzte
wiederum seine Experimentiergeräte als Geschenk, um für eine gute Verhand-
lungsatmosphäre zu sorgen.

So ließ er die Reiseluftpumpe und die Halbkugeln neu fertigen und im voraus
nach Berlin transportieren. Hier wurden sie zuerst in der Kurfürstlichen, dann

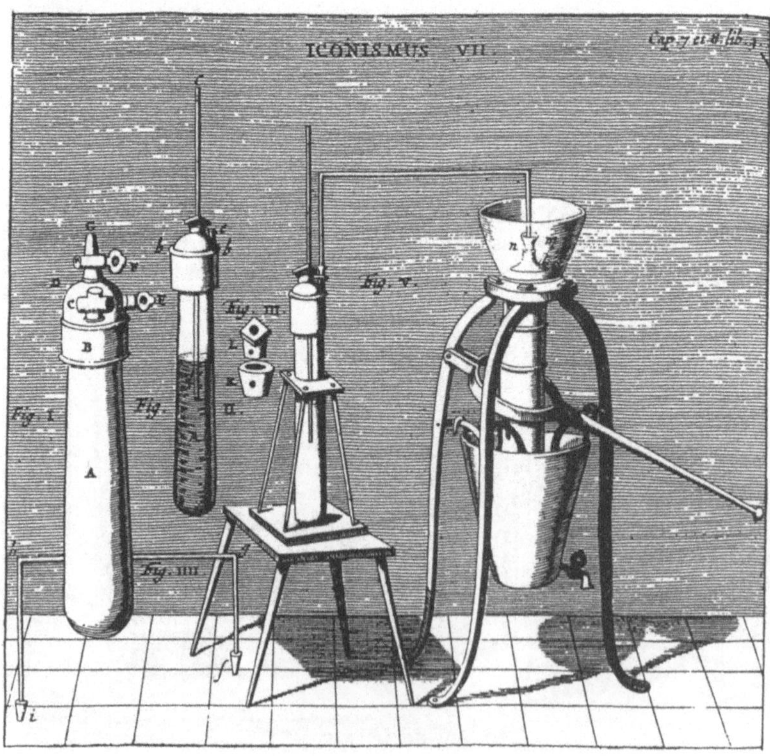

Gerickes Vakuumpumpe 3. Bauart, 1672 [49]

in der Königlichen Bibliothek aufbewahrt. Gericke teilte dem bisher nicht namentlich bekannten Rektor einer Schule in Berlin mit, daß er die Reiseluftpumpe und die schweren Halbkugeln Ende August 1663 abgeschickt hätte: *... an denselben habe fast vor 3 wochen in dem schiff ... daß promittirte Repositorium* (dt. Kiste) *in die Churfürstl. Bibliothec gehorig forth gesandt ... als habe in willens, gelibts Gott, Ihres orths hin zu kommen vnd noch anders mitt zu bringen auch daher den Herrn Oberbibliothecarien Rauen hiemitt, biß dahin, nicht beschwären mögen, vberschicke zward einen bericht wie daß Repositorium zusammenzusetzen sey, aber denoch will ich gerne selbst die mühe vff mich nehmen ...* [12, S. (78) f.].

Und Gericke reiste zum Großen Kurfürsten. Am 1. Dezember 1663 führte er in der Bibliothek dem Kurfürsten, den Prinzen und dem Prinzenerzieher Otto von Schwerin, der dies in einem Tagebuch notierte, erfolgreich mit der Luftpumpe vor, *was ein Vakuum sei.* Ein letztes Mal versuchte unser Bürgermeister, die Huldigung des Kurfürsten durch die Alte Stadt Magdeburg abzuwenden, was ihm nicht gelang. Er gab dem Kurfürsten die gewünschten Auskünfte über die Verhältnisse in der Stadt und erkannte deren ausweglose Lage nun vollends. Wieder in Magdeburg angelangt, erhielt unser Otto einen außerordentlich freundlichen Brief vom Kurfürsten Friedrich Wilhelm, der ein Medaillon mit seinem Porträt [50] als besondere Auszeichnung übersandte. Diese frühe Anerkennung der wissenschaftlichen Leistungen Otto Gerickes wurde in den folgenden Jahren immer wieder bekräftigt.

1664 erschien in Würzburg Gaspar Schotts Buch *Technica curiosa.* Das zwölf Bücher auf ca. 1000 Seiten umfassende Werk stellte im ersten Teil die *Magdeburger Wunder* im Umfang von 86 Seiten und acht Kupferstichen mit den *Alten* und *Neuen Magdeburger Versuchen* dar. Dann folgten mit 94 Seiten und zwei Kupfern im zweiten Buch die *Englischen Wunder* von Robert Boyle, eine Zusammenfassung seines Buches *Nova Experimenta Physico-mechanica de vi Aeris elastica ..., Oxoniæ in Anglia ...* von 1661 sowie darauf im dritten Buch auf 31 Seiten und in drei Abbildungen die unterschiedlichen Versuche mit der Torricelli-Röhre. In den Büchern 4 und 5 untersuchte Gaspar Schott verschiedene Arten der Anwendung von Pneumatik und Hydraulik. Diese Schrift sollte für die Vakuumphysik und -technik etwa 200 Jahre ein Standardwerk bleiben. Über unseren Otto und seine Experimente schrieb der Jesuit sehr enthusiastisch: *... Und nun trage ich keine Bedenken, freimütig einzugestehen und mutig zu behaupten, nie zuvor auf diesem Gebiet etwas Wundervolleres gesehen, gehört, gelesen oder mit dem Verstand erfaßt zu haben. Und ich glaube nicht, daß jemals seit Erschaffung der Welt die Sonne etwas Ähnli-*

ches, noch viel weniger etwas Wunderbareres, ans Licht gebracht hat. Und das ist auch die Meinung aller hohen Durchlauchten und gelehrtesten Männer, mit denen ich darüber einen Gedankenaustausch pflegte und denen ich das dargetan habe ... [44, S. 132 f.].

Zu diesen Wundern zählte Gaspar Schott besonders folgenden Versuch vom Sommer 1661: *... Was die 2 Halbkugeln ... betrifft, die ich schon vor einigen Jahren anfertigen ließ (zwischen die ein lederner Ring oder Gürtel mit Wachs überzogen, dazwischengelegt wird und die miteinander verbunden und übereinander gelegt werden und aus denen die Luft herausgezogen wird und die dann auch von 16 Pferden kaum auseinandergerissen werden können, ... schrieb ich, daß ich fest überzeugt sei, daß die genannten Halbkugeln nicht einmal von 6 äußerst starken Männern getrennt werden können. Als es aber dann zur Ausführung des Experimentes kam, da erwiesen sich die Kräfte von Menschen als unzureichend. Also nahm ich meine 4 Pferde und ließ zwei in die eine, zwei in die andere Richtung ziehen. Aber auch sie konnten nichts ausrichten. Deswegen setzte ich 8 Pferde an. Da aber die Eisenringe ... brachen und die Verbleiung, mit der sie an die Halbkugeln angelötet waren, sich löste, war es nötig, alles zu erneuern und doppelt so stark zu machen. Weil vorher 8 Pferde nichts erreicht hatten, wurden danach zunächst 12, dann 16 Pferde angesetzt. Nachdem diese mehrfach hin und her gezogen hatten und die Pferde auf der einen die auf der anderen Seite nicht einmal besiegt hatten, da endlich rissen*

Erste Abbildung des Versuches mit den Magdeburger Halbkugeln, 1664 [44]

sie die Halbkugeln gewaltsam auseinander, wobei die Pferde auch noch mit Rufen, mit Drohungen und Peitschenhieben angetrieben worden waren ... [44, S. 149].

Dieser Versuch mit den *Magdeburger Halbkugeln*, der Otto Gericke berühmt gemacht hat, und der noch heute bei Vorführungen tausende begeisterte Zuschauer anzieht, war damals als Schauversuch gedacht. Für seine wissenschaftliche Arbeit zur Erkenntnis des Luftdruckes benötigte er ein Gerät, mit dem er exakt messen konnte. So schrieb er über den Galgenversuch mit den Halbkugeln: ... *Da mir bereits bekannt ist die Schwere der Luft über der Erde bzw. rings um die Erde ... und da ich auch den Durchmesser der genannten Halbkugeln kenne, kann ich leicht errechnen, wieviel an Gewicht gebraucht wird, um sie zu trennen. Nämlich 2686 Pfund (wenn die Schwere der Luft der Wasserhöhe von zwanzig Magdeburger Ellen entspricht). Wenn diese 2 686 Pfund auf die Waagschale gelegt werden, dann werden die Halbkugeln notwendig auseinandergerissen ...* [44, S. 150]. Er erkannte, daß die zusammenhaltenden Kräfte nicht durch das Vakuum, sondern durch den Luftdruck erzeugt wurden. Er konnte dies auch *im Voraus berechnen*. Mit anderen Versuchen und seiner neuen Methode stand er der sich später entwickelnden Experimentalphysik sehr nahe.

Noch viele Experimentiergeräte wären hier zu nennen, so das Wettermännchen, die Hebevorrichtung und die Pumpe 2. Bauart, mit der er die meisten Vakuumexperimente vorbereitete. Gaspar Schott veröffentlichte insgesamt sieben ausführliche Briefe, die Meilensteine in der Erkenntnis der Eigenschaften der Luft, des Vakuums und des Luftdruckes sowie seiner Veränderungen sind. Diese Veröffentlichung durch Gaspar Schott kann aufgrund des Anteils Otto Gerickes als seine *zweite wissenschaftliche Veröffentlichung* gewertet werden. Trotzdem war unser Gericke nicht mit der Gesamtwertung zufrieden und arbeitete weiter an seinem eigenen Werk. Der Briefwechsel mit Gaspar Schott brach aus uns nicht bekannten Gründen Ende 1662 ab. Gaspar Schott starb 1666 in Würzburg.

Ein neuer interessanter Briefpartner wurde ab 1665 Stanislaus Lubienietzki, polnischer Theologe und Astronom, der 1668 sein astronomisches Werk *Theatrum cometicum* ... in Amsterdam herausbrachte, das auch Briefe Otto Gerickes über Kometenbeobachtungen, das Wettermännchen sowie dessen erste uns zugängliche Abbildung enthielt. Solche Wetterbeobachtungen führten gleichzeitig Otto Gericke sen. in Magdeburg, Otto Gericke jun. in Hamburg und Johannes Raue, der Bibliothekar der kurfürstlichen Bibliothek, im Cöllner Schloß (Berlin) aus. Otto Gericke jun. schrieb am 1. August 1665 an Lubie-

Wettermännchen, Barometer und Luftwaage, 1672 [49]

nietzki zu diesem Meßinstrument: *... Ich schicke Euer Gnaden eine Zeichnung und zugleich Beschreibung jenes Männleins, das die Luftbeschaffenheit anzeigt, worum sie mich so oft gebeten haben; ... Die beste Erfindung ist schließlich die Figur ... Diese zeigt Veränderungen in der Lufthülle sowohl in unserem Bereich wie auch in anderen Gegenden der Welt, in Ost, West, Süd und Nord aufs genaueste an, sowie auch Stürme, die an weit entlegenen Orten wüten ...* [12, S. (56) f.]. Unser Otto Gericke benutzte sein Wissen, um begründete Vorhersagen über das Wetter und natürlich auch über die Ergebnisse seiner Experimente zu machen.

Die zahlreichen diplomatischen Kontakte, auch seine Experimente und seine feste Stellung in der Stadt veranlaßten Otto Gericke, am 31. Januar 1665 ein Majestätsgesuch einzureichen. Er forderte die Festschreibung seiner schwer erkämpften Privilegien in der Stadt, das gewünschte Aussehen des neuen Familienwappens und die vorgeschlagene Änderung seines Namens. Er schrieb: *... weil die außwertigen nationen daß G-e, wie ein Sch außsprächen, mißverstandt meines nahmens entstehet; Welches beydes doch durch die Denomination Von, undt Zwischen dem G-e inserirten Buchstaben, U, also daß mich Von Guericke schriebe, abgewendet werden könnte ...* [12, S. (61)].

Und so wurde die Namensänderung Otto Gerickes durch den Adelsbrief vom 4. Januar 1666 mit des Kaisers Leopold I. Insignien wie folgt bestätigt: *... Vber dieses haben Wir obgedachten Gericken, deren ehelichen Leibs erben vndt Erbenserben Mannß: Vndt weibspersohnen gnedigl. gegönnet vndt Zuegelassen, daß Sie nun hinführo ewiglich gegen Vnß, vnsere Nachkommen Vndt sonst iedermenniglich, was Würden, Standt oder weesens die seindt in allen ihren Reden, schrifften, tituln, Insiglen, pedtschafften, handlungen Vndt geschäfften nichts außgenommen, Sich von Guericke, wie auch von allen ihren iezigen habenden Vndt künfftig mit Rechtmeßigen titul vberkhommenden güettern, nicht allein nennen Vnd schreiben, sondern auch in allen Vndt ieden grossen Vndt Kleinen, offen: Vndt geschlossenen brieffen Vndt schrifften sich deß rothen wachses gebrauchen sollen vndt mögen, Ihnen auch solcher titul gegeben ...* [12, S. (64)].

Aber noch wichtiger schienen Otto von Guericke die mit der Nobilitierung festgeschriebenen Privilegien, die er selbst in seinem Lebenslauf zitierte: *... Ihn und seine Nachkommen zum ewigen Gedächtnüß mit sonderbahren Privilegien versehen/ auch in Dero und des Reichs besondern Schutz/ Schirm und Geleite auffgenommen/ darneben von allen Beschwerden/ Diensten/ Einquartierungen &c. befreyet/ in den Standt des Teutschen Adels* de novo, *da sein Herr Vatter sehl. schon vom Könige in Pohlen* nobilitirt *gewesen/ gesetzet/*

wobey Sie auch den Zusatz in dem adelichen Wapen gethan/ nemlich eine Königl. Crone über den offenen Helm Ihme geschencket/ welches Wapen die Haupt=Kirche zu St. Johannis *in Magdeburg* ... (1674) *in Stein gehauen/ und mit Farben gezieret an einem Pfeiler in* Chore *gleich gegen der Stadt Wapen über zu sonderbahren Ehren und ewigen Gedächtnüß* affigiren *lassen* ... [13, S. 21].

Die Lage der Alten Stadt Magdeburg aber wurde schwieriger. Im Frühjahr 1666 zog Feldmarschall Otto von Spar mit einem brandenburgischen Heer, von einem erfolgreichen Feldzug aus Westfalen kommend, ins Erzstift Magdeburg ein. Sein Lager schlug er in und bei Wanzleben auf. Gleichzeitig verhandelten die Räte Claus Ernst von Platen und Friederich von Jena mit dem Administrator über die weitere Verfahrensweise mit der Alten Stadt. Sie schlossen am 9./19. Mai 1666 einen Vergleich zuungunsten Magdeburgs. Daraufhin forderten die brandenburgischen Räte die Alte Stadt Magdeburg zur Aufnahme einer Besatzung auf.

Am 21. Mai versetzte der Rat, an seiner Spitze der regierende Bürgermeister Otto von Guericke, Magdeburg in den Verteidigungszustand und ließ die Elbe durch Ketten sperren. Am 23. Mai kam es zu Verhandlungen in Wanzleben. Sie wurden von Bürgermeister Gottfried Rosenstock, Consiliarius Dr. Dietrich Coch, Kämmerer Johann Schmidt (ratsverwandt) und den Ausschußmitgliedern Peter Kindt und Pascha Thomas (Schwiegersohn von Ottos Stiefschwester) geführt. Die Stadt wurde aufgefordert, sich freiwillig zu unterwerfen, wobei alle Privilegien erhalten bleiben sollten. Nur eine Besatzung mußte aufgenommen werden. Der Rat beschloß, am 25. Mai, dem Himmelfahrtstag, um 5.00 Uhr, eine Befragung aller Bürger in den Vierteln durchzuführen. Das geschah mit dem Ergebnis, die Huldigung zu vollziehen, aber eine Garnison abzulehnen, was später nicht gehalten wurde. Nach der Bestätigung der städtischen Privilegien am 28. Mai 1666 schlossen beide Seiten den 32 Punkte umfassenden *Klosterbergischen Vergleich*. Für den Kurfürsten unterzeichneten Otto von Spar, Clauß Ernst von Platen, Friederich von Jena, Hans Katte und Dr. Heinrich Dürfelt, von Seiten der Alten Stadt Magdeburg der regierende Bürgermeister Otto von Guericke und die Mitglieder der oben genannten Verhandlungsdelegation.

Im Vertrag von Kloster Berge, das vor den Toren Magdeburgs lag, hieß es unter anderem: ... *2. Wird die alte Stadt Magdeburg von Ihrer Churfürstl. Durchl. zu Brandenburg und des Herrn* Administrators *Fürstl. Durchl. besetzet, und ziehet die* Garnison *morgen Dienstages, wirdt der 29te dieses, hinein* ... *9. Damit auch E. E. Rath und Bürgerschafft den* Commercien *und derselben un-*

gehinderten laufs halber desto mehr so wohl zu waßer alß zu Lande versichert sein möge ... 13. Ferner soll der herr Commendant *dem worth haltenden Burgermeister mit gebung der handt versprechen, für die Stadt und Bürgerschafft bestes, beförderung der* Commercien, *auch derselben aufnehmen und wohlfarth mitzusorgen ... 22. In denen Aembtern auf dem Lande soll jedermänniglich unparteiisch schleuniges recht* administriret *und dawieder im geringsten nichts verhenget, der Bürgerschafft auch aus denen Aembtern und Geleiten ihre Zinsen, Zehenden und Pächte unweigerlich abgefolget werden ... 26. Wegen des Brauens soll eß gleichfallß untersuchet, und denenjenigen welche es nicht befugt, verbothen werden ... 28. Eß wird auch der Rath und Bürgerschafft bey dem exercitio der Augßpurgischen* Confession ... *allerdings gelaßen ... 31. Die Innungen, Brüderschafften undt Handwerke sollen bey ihren Rechten, befugnißen, gerechtigkeiten undt* Statuten *aller Dings gelaßen, und wan Sie die Ordnung zur* confirmation *einschicken, der Rath zuvor drüber vernommen, und darauf die* Confirmationes *außgefertiget werden. 32. Endlich so wird E. E. Rath wie auch deßen* Consulenten *und Bediente, sambt zugehörigen Ständen und Sämbtlicher Bürgerschafft sambt und sonders hiemit am bestendigsten versichert, daß Niemandt an seinem Ambt, ehren und* competentz, *im geringsten nicht soll gehindert, gefähret oder gekrenket, darnebenst alles, was irgents von Ihnen bißhero vorgegangen, geredet oder geschrieben, nimmermehr in ungnaden gedacht oder jemandt entgolten werden, sondern hiemit in ewige vergeßenheit gestellet sein ...* [16, S. 290 ff.]. Also blieben unser Bürgermeister und seine Ratsverwandten in ihren Ämtern.

Am 29. Mai 1666 zog die Besatzung ein. Am 14./24. Juni folgte die Huldigung zuerst des Administrators und dann des Vertreters des Kurfürsten auf dem Alten Markt. Am 7./17. Juli zog die ordentliche Besatzung mit dem Gouverneur von Magdeburg, Feldzeugmeister Herzog August von Holstein, und dem Kommandanten, Obrist Schmied von Schmieds-Eck, ein. So war unsere Alte Stadt Magdeburg, ähnlich wie Münster, Erfurt und Braunschweig, nach langen Kämpfen doch gefallen. Insgesamt gesehen schien der Vertrag ein Erfolg für die Stadt zu sein. Aber eine wesentliche Einschränkung war der Stadt und ihrem Bürgermeister Otto von Guericke aufgezwungen worden: Magdeburg war keine Freie Reichsstadt. Dies war nicht erreicht worden, das war gescheitert und endgültig begraben. Otto von Guericke schien diese Entscheidung trotz aller persönlichen Vorteile, die er daraus ziehen konnte, nie überwunden zu haben. Damit sah der Rat auch die Privilegien Guerickes in einem neuen Licht. Seine Taten für die Stadt verblaßten schnell, zumal schon eine weitere neue Generation in die Ratspositionen drängte.

Noch besaß der Bürgermeister die Kraft und die Macht, dem erfolgreich entgegenzutreten, um so mehr, da eine erneute finanzielle Stärkung durch eine umfangreiche Erbschaft eintrat. Am 18. September 1666 starb seine hochbetagte und einflußreiche Mutter Anna.

In ihren Personalia steht dazu: *... gestalt sich dann zu gleich die Kranckheit deß Steines immermehr vermehret gehabt/ auch die Leibesunvermögenheit gar scheinbarlich zugenommen/ daß sie sich des Betlagers ein halbes Jahr hero fast mehrentheils gebrauchen müssen ... und sich darmit den Dinstag war der 18. Septembr.* zum seligen Abschied geschicket in dem Sie von ihrem Sohne dem Herr Burgermeister als er sie besuchte/ begehret ihr vorzu beten/ welcher es gethan ... *Befand sichs/ daß sich gemählich die Sinne verlohren und sie sanfft und in Frieden dahin fuhr/ als sie 86. Jahr biß auff einen Tag in dieser Welt gelebet hatte ...* [14, S. 70 ff.]. Anna von Zweydorff wurde mit vornehmer und volkreicher Versammlung, der der Pastor Doctor Johann Böttiger vorgestellt war, am 14. Oktober in der Ulrichskirche neben ihrem ersten Mann beigesetzt. Ihr Alter und ihre Erfahrung ließen sie zu einer der anerkanntesten und wichtigsten Frauen in der vergangenen entbehrungsreichen Zeit werden, *... daß sie fast von Jedermann Ehrenrühmlich **Mutter** genennet und* respectiret *worden ...* [14, S. 93]. Davon zeugte auch eine lange Liste der gedruckten Ehrengedächtnisse, die einen Umfang von 104 Druckseiten aufwies.

Die Stammhalterschaft wurde von ihrem geliebten Enkel Otto von Guericke jun. und seiner Frau Hedwig durch die Geburt weiterer Kinder gesichert: *... wodurch obiger Verlust einige Zeit hernachmahl ersetzet worden/ Frau Johanna Hedewig von Guericken/ so* (später) *an Herrn Michael Christoff von Arnimb/ auff Krussau Erbgesessen/ Königl. Preussischen bestalten Hoff= und Legations-Raht vermählet/ von welchen ebenmässig ein Töchter= und Söhnlein ... gesehen worden. Dann Fräulein* Lovise Eleonora *und Fräulein* Dorothea *von Guericken/ und letztlich Herr Friederich Wilhelm von Guericken/* (später) *Königl. Preussischer bestalter Hauptmann ...* [34, S. 17]. Wohlwollend wird unser Otto von Guericke deren Erziehung verfolgt und seine Enkel gefördert haben.

Er widmete sich nun, nachdem er, wie auch sämtliche anderen Ratsmitglieder, am 6. Oktober 1666 zum *Brandenburgischen Rat* gemacht worden war und seine Immunitätsbriefe vom Kurfürsten bestätigt erhielt, verstärkt der Veröffentlichung seiner wissenschaftlichen Arbeiten. Langwierige briefliche Verhandlungen mit dem Drucker Johann Blaeu in Leiden von 1667 bis 1669 wurden erfolglos abgebrochen. 1669 nahm Guericke dann brieflichen Kontakt zu Johann Jansson von Waesberge in Amsterdam auf. Beide kamen am 31. März

1670 zu einem Verlagsvertrag: *...Seinen Tractat so Er de Spatio Vacuo geschrieben, in offenen Druck uff unsere eigenen Vnkosten herauß zugeben, vberlaßen: daß wir derentwegen dem wohlbenahmten Herrn Otto von Guericken, vor sothane seine zu diesem wercke angewante mühe undt fleiß undt kosten, auch zugleich vor die abriße der hirzu gehörigen Kupper platten, so baldt dieses Opus gedrucket und gefertiget sein wirdt, mit dem aller ersten vnverzüglich geben vndt uff vnsere Kosten in Hamburgk an deßen Herren Sohn, auch Churfürstl. Brandenburgischen Rath und Residenten daselbst, überschicken solten undt wolten Fünff und Siebenzigk Complete undt uff guth Schreibpapier gedrucke Exemplaria ...* [12, S. (98)].
Durch die Voranzeige des Buches auf der Frankfurter Messe angeregt, schrieb der ungeduldige Gottfried Wilhelm Leibniz am 3. Mai 1671 an Guericke: ... *Dringlich wünsche ich etwas von Ihnen veröffentlicht zu sehen. Ihre Versuche und Erfindungen, deren das (Mess)verzeichnis Erwähnung tut, wünschen wir alle angelegentlich, auch die Franzosen und Engländer, darunter Hr. Oldenburg, Sekretär der Englischen Sozietät, und Hr. Carcavy, Direktor der Französischen Akademie, usw.* ... [12, S. (81)]. Daraus entstand ein kleiner Briefwechsel, der die Bedeutung der Erfindungen und Entdeckungen Guerickes umriß.
Endlich, im Frühjahr 1672, konnte Guericke dem Kurfürsten Friedrich Wilhelm das erste Exemplar seines Werkes übersenden. Er schrieb am 15. April 1672 über die Gründe für sein Werk: ... *Eß haben zwardt bißdahero, die Naturkündiger undt* Philosophen, *von dem unmäß= undt unaußsprächlich gro-ßen* Rauhm, Platz, *oder* Begriff, *darin dieses große Weldtgebaüde, sambt zugehörigen WeldtCörpern undt Himmels=Lichtern (deren jedeß vor sich so groß, daß solches durch Menschlichen Verstandt, gantz undt gar nicht zu begreiffen) gesetzet, viel streit undt* disputat *geführet: waß dan solch unmäßlich großer* Rauhm *oder* Spatium *eijgentlich seij? Ob es etwa eine sonderliche* Materia? *Oder ob es nuhr damit angefüllet? Oder aber gantz Leer und ledig seij? ... Alß ist nötig gewesen, solches durch gewiße* Experimenta *zuerfahren. Da dan entlich, vermittelst unterschiedener hirzu angerichteten* Machinen *undt* instrumenten, *der augenschein satsahmb gegeben, daß* Rauhm *oder* Spatium, *ohne einige erfüllungs* materi, *sein könne, auch unfehlbar in der höhe seij, obs gleich hier bey Unß uff der Erde, wegen eintringung undt schwäre der Lufft (alß welche umb den Erdboden in solchem gewichte liget, wie fast 20 Ellen hoch waßers drücken können) waß mühsahms zu* demonstriren; *oder zu wege zubringen ...* [52, S. 112 f.].
Über die Bedeutung seiner neuen Methode, des Experiments, schrieb Otto in

Titelkupfer der *Experimenta Nova Magdeburgica* ..., 1672 [49]

seinem Hauptwerk *Experimenta Nova (ut vocantur) Magdeburgica de Vacuo Spatio, Vorrede an den Leser: ... Es kann sich ja ein jeder, der nicht an vorgefaßten Meinungen leidet, sich vielmehr ohne jede unangebrachte Leidenschaft mit den Versuchen richtig bekannt macht und sie mit der gerechten Waage der Wahrheit wägt, durch die dabei erworbene reichere Erfahrung und das vollständigere Wissen von solchen eingewurzelten und nicht recht begriffenen Auffassungen freimachen. Wo nämlich das Zeugnis der Dinge selbst vorliegt, bedarf es keiner Worte. Wer aber handgreifliche und sichere Erfahrungstatsachen bestreitet, mit dem soll man nicht streiten oder sich groß in einen Kampf einlassen. Bitte sehr, mag er doch bei seiner Meinung verbleiben und wie die Maulwürfe der Finsternis nachjagen ...* [51, S. 187].

Er begann sein Werk im ersten Buch mit der Überschrift *Über die Welt und ihren Bau gemäß den allgemeiner verbreiteten Lehren der Philosophen* mit folgenden Worten: ... *Bevor wir den leeren Raum (in dem sich das ganze Welt-*

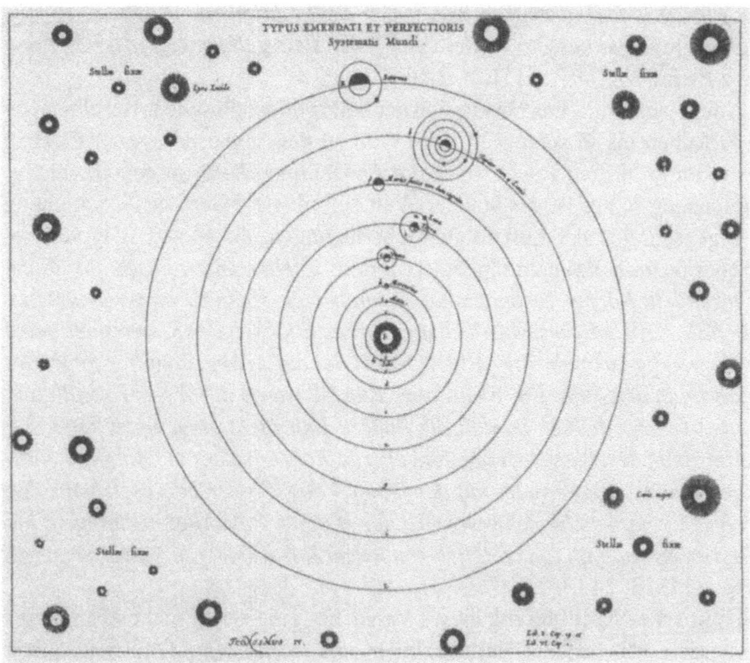

Vervollkommnetes Weltsystem Guerickes, 1672 [49]

system befindet, der aber meist als irgend eine himmlische Materie angenommen wird) zu behandeln beginnen, wird es nötig sein, in diesem ersten Buch zum leichteren Verständnis der hernach zu behandelnden Dinge ausführlicher darzulegen, was die Philosophen und vor allem die Astronomen, sowohl die alten als auch die neuen, über die Welt und die ihr angehörenden Körper, die Verteilung, die Reihenfolge, den Lauf, die Abstände, die Größe usw. festgestellt und geurteilt haben ... [51, S. 189]. Zusammenfassend zeichnete er sein Bild der kopernikanischen Welt, die unendlich groß mit unendlich vielen Sternen besetzt war, wie schon Giordano Bruno behauptete, und die die durch Galileo Galilei mit dem Fernrohr entdeckten Monde des Jupiter enthielt.

Er schrieb weiter im zweiten Buch *Der leere Raum: ... haben mich der bis ins Grenzenlose hingestreckte Raum in Verwirrung versetzt und mir die unauslöschliche Begierde eingegeben, ihn zu erforschen. Was mochte das wohl sein, umfaßt es doch alles und gewährt ihm die Stätte seines Seins und Bleibens? Ist es irgend ein feuerartiger Himmelsstoff, fest (wie die Aristoteliker behaupten) oder flüssig (wie Kopernikus und Tycho Brahe glauben)? Oder ist es eine durchsichtige Quintessenz? Oder doch jener stets geleugnete, jeder Stoffheit bare LEERE RAUM? ...* [51, S. 226].

Nach einer ausführlichen Diskussion der naturphilosophischen Ansichten von den Griechen bis in seine Zeit, kam Otto zu den schon bekannten *Eigenen Versuchen* im dritten Buch, wo er die Zielstellung dieser in den Gesamtzusammenhang seines Bildes von der Welt einordnete. Nach der Beschreibung der Eigenschaften der Luft folgten Überlegungen, die seinen Weg von der Astronomie zum Vakuum charakterisierten: *... Hier unten bleibt ein Raum, den irgendein Körper verlassen hat, niemals leer, sondern wird von der Luft ausgefüllt ... Als ich dies, wie auch die Unermeßlichkeit des Raumes und seine ihm notwendig zukommende Allgegenwart bei mir erwog, kam mir folgendes Verfahren in den Sinn. Ein Wein- oder Bierfaß werde mit Wasser gefüllt und allseits gut abgedichtet, so daß die äußere Luft nicht eindringen kann. Am unteren Ende des Fasses werde eine eherne Röhre (später messingne Feuersprütz genannt) angebracht, mit der jemand das Wasser herausziehen solle. Durch seine natürliche Schwere wird das Wasser unbedingt nachfolgen und im Faß einen von Luft (und folglich von jedem Körper) leeren Raum zurückzulassen ...* [53, S. 24 f.].

Die praktische Durchführung dieses Versuches ging sicher nicht so problemlos vor sich. Mit welcher Hartnäckigkeit und Konsequenz Otto seine Ideen verfolgte, bis sich ernstzunehmende Erfolge einstellten, ist nicht genau bekannt, aber doch mit zwei bis drei Jahren abschätzbar. Dann erst konnten die bekannten, schon bei Gaspar Schott beschriebenen Versuche variiert werden. Darunter befand sich einer, der die grundlegende Idee für die Entwicklung einer Kraftmaschinen umsetzte: ... *beschaffe man sich eine Handpumpe ... nach der gegebenen Anweisung, setze sie an dem Hahnstutzen an und lasse nun den Knaben den Kolben betätigen. Dadurch wird dem Kessel Luft entzogen, und der Kolben strebt im Zylinder sanft und allmählich nach unten, während gleichzeitig die Waagschale mit den 2 686 Pfund Gewichten gehoben wird ...* [53, S. 187 f.]. Erstmalig wurden Guerickes Berechnungen und Voraussagen ausführlich dargestellt, was die Glaubwürdigkeit untermauerte und seinen Ruf als *ersten Experimentalphysiker Deutschlands* festigte. Die beschriebene Maschine

Pneumatisches Gerät zum leichten Heben schwerer Lasten, 1672 [49]

sollte Denis Papin beim Nachbau anregen, gemeinsam mit Christiaan Huygens weiterzugehen, indem sie den Unterdruck durch kondensierenden Wasserdampf oder durch abkühlende Explosionsgase erzeugten. Ersteres gestalteten dann Thomas Newcomen und James Watt zu einer effektiven atmosphärischen Antriebsmaschine, indem sie die konstruktiven Mechanismen in einen quasi-kontinuierlichen Prozeß kleideten.

Das vierte Buch, *Die Weltkräfte und was von ihnen abhängt*, enthielt bis dahin noch nicht Veröffentlichtes. Otto schrieb: ... *Weltkräfte nennen wir sie, weil sie hauptsächlich an den Weltkörpern, d. h. den Planeten wie auch an der Erde oder der Sonne ... festzustellen sind. Einige von ihnen sind körperlicher, andere unkörperlicher Natur ... Eine unkörperliche Kraft dagegen ist etwas, was ganz fein aus dem Körper strömt und sich rings um ihn herum bis zu einer bestimmten Entfernung ausdehnt und verbreitet und alle festen und harten Stoffe durchdringt. Diese Erstreckung nennen wir die Kraft- oder Wirkungssphäre. Jede Kraftsphäre, sei sie körperlicher oder unkörperlicher Art, ist dort, wo sie aus dem Körper austritt, dichter, zusammengedrängter und stärker als in größerer Entfernung, wo sie sich immer mehr ausbreitet und dünner wird, bis sie schließlich in Nichts vergeht ...* [51, S. 251 f.]. In diesem Zusammenhang baute Otto sich ein Modell der Erde, die berühmte *Schwefelkugel*. An ihr führte er Versuche mit der *elektrischen Kraft* durch, bestätigte und beschrieb deren Anziehung und Abstoßung und entdeckte die elektrische Leitung. Über seinen Schüler Wilhelm Homberg sowie über sein Hauptwerk gelangten diese Erkenntnisse nach Frankreich und England.

In den weiteren Büchern, dem fünften, *Der Erdwasserball und sein Begleiter, der Mond*, mit einem Anhang über die Kometenbeobachtungen und den Briefwechsel mit Stanislaus Lubienietzki, dem sechsten, *Unser Sonnensystem*, und dem siebenten, *Die Fixsternwelt und ihre Grenzen*, werden die vorher dargestellten Ergebnisse seiner Luft- und Vakuumuntersuchung auf diese Kenntnisse übertragen und ausgelotet. In bezug auf das Gesamtwerk ist dessen Hauptanteil der Astronomie (erstes, fünftes, sechstes und siebentes Buch) gewidmet, ein weiterer großer Anteil (drittes und viertes Buch) der sich entwickelnden Neuen Wissenschaft Physik und ein besonderer Anteil (zweites Buch) der Naturphilosophie. Die weniger bekannten Forschungsergebnisse Otto von Guerickes bedürfen noch einer ausführlichen Aufarbeitung, besonders in der Richtung der Astronomie, Naturphilosophie und Gravitationslehre. Am Schluß des Vorwortes vom 14. März 1670 schrieb Otto von Guericke: ... *Vor allem bestehen wir aber darauf, daß dieses Werk in den Klostermauern der mathematischen Wissenschaften gehalten wird und sie nicht verläßt, um vielleicht in*

Gefilde zu geraten, die den Glauben angehen. Denn allein auf die mathemati-
schen, durch Experimente erwiesenen Grundsätze soll bestanden werden. Sollte
aber einiges bei jemandem aus Unbedacht oder Unaufmerksamkeit unwillkür-
lich Argwohn hervorgerufen haben, so möchten wir, daß Argwohn überall und
überhaupt ferngehalten würde: Wir lassen jedem die Freiheit, anderer Mei-
nung zu sein, und sind bereit, immer dem zu folgen, was mit der Wahrheit
besser übereinstimmt. Im übrigen glauben wir, daß es in kommenden Zeiten
nicht an feinen und scharfsichtigen Geistern fehlen wird, die angeregt durch
dieses Werk, Sorge tragen werden, daß anderes und vielleicht Besseres und
Tieferes, dereinst ersonnen wird. So leb denn wohl, geneigter Leser, und ver-
suche, unser Werk zum Guten auszulegen ... [51, S. 188].
Daß die Naturforscher seiner Zeit dieses Werk zu würdigen wußten, zeigte die
große Resonanz seines Buches: ... *Hernachmals als Anno 1672 des ... Herrn*
Raths in Lateinischer *Sprache und in* folio *mit vielen Kupfferstücken zu Am-*
sterdam herauß gegebenes Buch durch den Druck publique *worden/ welchem*
grosses Lob beygeleget wird/ unter andern von Ihr. Mayst. der Königin Chri-
stina zu Rom ... [13, S. 22]. Die viel belesene Christina, Tochter Gustav II.
Adolfs, die mit den Philosophen ihrer Zeit disputierte, so mit René Descartes,
fällte ihr Urteil sehr positiv. Ähnliches widerfuhr ihm, als er ein Exemplar am
14. Januar 1672 mit einem Anschreiben an Henry Oldenburg und damit an die
Royal Society in London schickte. Wie aus den veröffentlichten Protokollen
[12, S. (111)] hervorgeht, wurden am 6., 13. und 27. November 1672 sowie
am 5. Februar 1673 von Robert Boyle die Versuche mit der Schwefelkugel in
der Royal Society in London vorgeführt und erfolgreich bestätigt. Francis
Hawksbee, der sie hier kennenlernte, nahm sie auf und entwickelte sie weiter.
In Deutschland begann Johann Christoph Sturm zur gleichen Zeit in Altdorf
mit seinem *Collegium experimentale*, Vakuum- sowie Luftdruckversuche auszuführen und die Ergebnisse 1676 erstmals in Druck zu geben.

11 Viel mehr Schaden erlitten, als durch Freiheit gewonnen?

Im November 1672 beging Otto von Guericke seinen 70. Geburtstag. Er hatte viele Höhen und Tiefen in seinem bisherigen Leben durchmessen. Aber dieses Jahr sollte, neben 1666, wohl das erfolgreichste sein. Sein wissenschaftliches Lebenswerk lag gedruckt vor und war für immer in die Reihe der bedeutenden naturwissenschaftlichen Werke eingegangen. Die Arbeiten an einer dreiteiligen Geschichte der Alten Stadt Magdeburg gediehen gut, wobei der erste Teil die Zeit vor 1631, der zweite die der Belagerung, Eroberung und Zerstörung Magdeburgs (siehe Kapitel 6) und der dritte Teil die Zeit von 1632 bis 1680 umfassen sollte. Leider wurde uns nur der zweite Teil seines historischen Werkes als Abschrift überliefert.

1674 stellte sich ein Schüler bei Guericke ein, Wilhelm Homberg [54]. Nach seinem Jurastudium in Jena und Leipzig kam Homberg als Advokat nach Magdeburg. So besuchte der 22jährige auch den betagten Guericke. Die Begeisterung unseres Ottos für Vakuumexperimente und Naturforschung übertrug sich auf Wilhelm Homberg und ließ ihn erneut ein Studium, das naturwissenschaftlich orientiert war, aufnehmen. Später, nachdem er auf der Jagd nach neuen Erkenntnissen fast ganz Europa durchwandert hatte, wurde er unter Jean Baptiste Colbert an der Französischen Akademie Paris zu einem bedeutenden Mann. Hier verbreitete er Experimente und Werk Otto von Guerickes.

Mitte 1675 geriet unser Otto in Streit mit den anderen Ratsherren der Alten Stadt Magdeburg. Häufig ging es dabei um die Verletzungen seines Immunitätsbriefes und um ausstehende Gehaltszahlungen. Am 15. Juni 1675 protestierte Otto gegen die Einquartierung eines Obristen, da er durch den von zwei Bürgermeistern unterzeichneten Immunitätsbrief offensichtlich von Einquartierungen befreit war. Da Otto von Guerickes Altersgebrechen zunahmen, schrieb er am 27. Januar 1676, kurz vor dem Wechsel zum worthaltenden (regierenden) Bürgermeisteramt, an den Rat: ... *Nuhn aber hingegen ist Ihnen auch mein hohes alter Vnd dass ich im 74sten Jahre begriffen bekant, daher Mihr dan nicht allein gross leibesgebrächen zugestossen, sondern sich auch die memori sehr bey Mihr verleurett, dass Ich wass vorgetragen, referirt oder geklagett wird, nicht so, sondern gar langksahmb begreiffen kan, Anderer auss dem alter herrührende mängel mehr zu geschweigen, welch aber bey führenden Directorio vnd Verwaltung des gemeinen Stadtwesens viel hinderung vnd zugleich schaden bringen würde, also dass es besser von sich gesagtt, alss dassjenige vff- vnd anzunehmen, welches man nicht mehr verrichten kan ... Alss hoffe demnach vnd Bitte, E. E. E. Rath solches wohl erwägen, mich sol-*

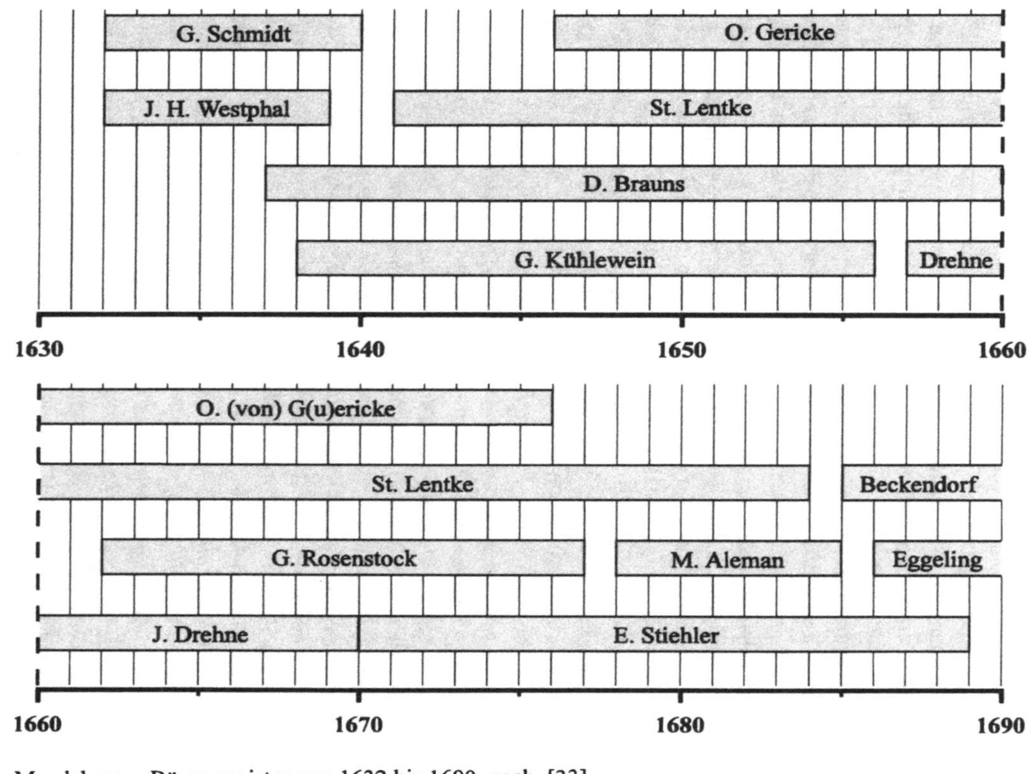

Magdeburger Bürgermeister von 1632 bis 1690, nach [33]

cher wohlthatten der rächte geniessen vnd dem gemeinen Stadtregimente selbst zum besten mit Verwaltung der praesidir- vnd Worthaltung verschonen wolle ... [3, S. 176].

Der Rat und besonders der einige Jahre ältere Schwiegervater Otto von Guerickes, Bürgermeister Stephan Lentke, lehnten diesen Antrag ab. Guericke blieb hartnäckig. So wurde das Direktorium diesmal von einem anderen Bürgermeister übernommen. Gleiches geschah beim nächsten Wechsel des Direktoriums. Otto weigerte sich erneut, das Amt des regierenden Bürgermeisters zu übernehmen. So beschloß der Rat nach mehrmaligen, hartnäckigen Bemühungen am 2. September 1676 durch Stimmenmehrheit, die Gründe Guerickes anzuerkennen.

Diese Verweigerung der Amtsübernahme hatte aber Folgen. Der Rat forderte die Juristische Fakultät Jena, an der Guericke seine ersten juristischen Studien begonnen und nach zwei Jahren beendet hatte, zu einem Gutachten über dessen Immunitätsbrief auf. Das war ein durchaus üblicher Weg, wenn in der Stadt keine Einigung erzielt werden konnte und ein neutrales Gutachten erstellt werden mußte. Die Jenaer Juristen sprachen sich für Einschränkungen des Guerickeschen Immunitätsbriefes aus. Am 8. Februar 1677 lag das Gutachten dem Rat vor. Es empfahl ihm, konkrete Maßnahmen gegen Guerickes schwer erkämpfte Vorrechte einzuleiten. Bitter reflektierte Otto den sich anbahnenden und noch länger andauernden Streit in seinem *Memorial* an die Stadt vom 6. Februar 1677: ... *Demnach (alß gestriges tages im Rathe von der also genanten neuen kopffsteuer geredet worden) ich verstanden, daß theils meiner Herren Collegen und deß Raths der meinung gewesen, Ich unangesehen meiner so schwer erlangten allgemein durchgehenden Freyheit, dennoch darzu zu ziehen wehre. Nun kann solches nirgendt anders hin deuten, alß daß durch lenge der Zeit, die Dinge waß ich bey der Stadt in Ihren großen nöthen und eußersten bedrengten, so wohl militarischen alß Civilischen Zustandt, so viele Jahr nacheinander gethan, und Sie mihr dagegen verschrieben, theils mögen vergessen, theils magk auch wohl durch abgang der Persohnen, denen succedirenden unwissend sein ... Undt weil denn eingangs berührter massen, vielen, waß ich dahmahlen bey der Stadt gethann, und warumb Sie mihr dagegen die Freyheit verschrieben, magk vergessen, auch denen Jüngeren, so nach dieser Zeit zukommen, gantz unwißend sein, alß habe zu einer wenigen erinnerung ... E.E.E. Rathe beygefügtes Memorial einhändigen wollen, nicht Zweiffelnde, Sie werden sich darauß bester maßen informieren ...* [12, S. (113) f.].

Das uns schon bekannte, zwölf Punkte umfassende *Memorial* [12, S. (114) - (122)] legte Rechenschaft über seine vielen diplomatischen Bemühungen für die Stadt ab. Zusammenfassend schrieb er: ... *Also habe ich daß meinige bey der Stadt gethan, und wie Sie in verschiedenen Ihren Attestaten bekennet; kein fleiß sorge und mühe gesparret, dadurch mein privatwesen versäumet etc: Ja 18 Jahr in der Stadt angelegenheiten gereiset: Und ...* **vielmehr Schaden erlitten, alß ich durch die freyheit gewonnen** *...* [12, S. (122)]. Das *Memorial* verhallte aber ohne Wirkung, unfaßbar für den alten Mann, der dies alles selbst durchlebt hatte. Für uns ist die kurze Zusammenfassung seiner diplomatischen Tätigkeiten ein kompakter und äußerst ergiebiger Quell von biographischen Daten, wie unter Kapitel 8 zu lesen war.

Bei der nächsten Ämterverteilung am 18. Februar 1677 wurde Otto von Guericke letztmals in einem solchen Zusammenhang genannt. Er erhielt die Beaufsichtigung der Ratsapotheke als Apothekenherr übertragen. Am 7. September 1678 endlich stand hinter seinem Namen wegen seines hohen Alters *pro emerito*. Er schied nach 30 Amtsjahren als Bürgermeister und nach 50jähriger Mitgliedschaft im Rat der Alten Stadt Magdeburg aus diesen aufreibenden Funktionen.

In diesem Zeitraum fiel auch die letzte bekannte und datierte wissenschaftliche Äußerung Otto von Guerickes. Er schrieb am 9. März 1680 an den Wittenberger Professor Georg Caspar Kirchmaier, Arzt und Polyhistor, einen Brief: ... *Mein Gesundheitszustand und wachsende Altersbeschwerden haben verhindert, einer seit langem bestehenden Anforderung Genüge zu leisten, was ich jetzt nachholen und ausführen will, soweit es jene Umstände erlauben. Ich erwidere also 1.) daß die Thermometer nichts anderes als die Veränderung der Luft, d. h. die jeweils herrschende kalte oder warme Witterung anzeigen. ... Etwas ganz anderes ist es mit dem Holz, das die Gestalt eines Männleins besitzt und das Wettermännchen heißt. Denn sobald die Luft Wasser anzieht und ansammelt, wird sie schwerer und nötigt das Männlein zum Emporsteigen; entlastet sie sich dagegen durch regen, so wird sie leichter, das Figürchen bewegt sich dementsprechend abwärts und steigt um so tiefer herunter, je größeres Unwetter erregt wird. Der ganze Grund hierfür scheint sich von den Winden herzuleiten, die die Luft verdünnen und verringern. 2.) Die Sonne samt ihren Flekken - nach der üblichen Bezeichnungsweise - die man richtiger als zwischen Sonne und Merkur befindliche Planeten ansprechen sollte, trägt wohl kaum zur Entstehung der Winde bei, die ja nirgends anderwärts als aus der Erde her ihren Ursprung nehmen. 3.) habe ich das Wesen der Kometen in meinem Buch über den leeren Raum ... und ebenso ausführlicher in Briefen erläutert, die Antworten an einen polnischen Adeligen (Lubienietzki) darstellen. 4.) Winde bilden sich meiner Ansicht nach in Erdhohlräumen unterhalb der Gebirge, wo*

dergleichen Geister erzeugt und erschaffen werden, die sich ganz so wie Schieß-
pulver entladen, die Erde sprengen und sie, wie Kircher in der „Unterirdi-
schen Welt" sagt, erbeben machen und erschüttern. 5.) Wenn die Winde nicht
an jedem beliebigen Ort lange Zeit ohne Unterbrechung wehen, ist schwer
festzustellen, was für ein Unterschied zwischen Regen und Wind besteht. Aus
der vorstehenden Überlegung geht aber der unterschied hervor. 6.) Die Luft,
die durch die Erde stark eingeengt und zusammengedrückt wird und deshalb
in massigerem Zustande vorhanden ist, kann wegen des unebenen und hügeli-
gen Geländes darum nicht wie auf offenem Meer unbehelligt ihren Lauf neh-
men. Daher kommt es, daß man einen gelinden Wind nicht leicht spürt. 7.)

Magdeburger Thermometer, 1672 [49]

*Weil die Luft durch ihre von Natur ihr zukommende Schwere zusammenge-
drückt wird und dadurch um so dichter wird, einer je tieferen und näher an die
Erde grenzenden Schicht sie angehört, und weil erfahrungsgemäß feststeht,
daß sie auf hohen Bergen gleichermaßen dünner wie leichter befunden wird,
so läßt sich hieraus erkennen, daß bei einem solchen Mangel an Luft dort
kaum der rechte Ort für Winde ist, die, als eine Art lebendiger Wesenheit, mit
ihr aufs engste verbunden erst ihre ganze Macht entfalten. Geschrieben zu
Magdeburg, den 9. März 1680* ... [12, S. (125) f.]. Auch wenn Teile dieses
Schreibens einer heutigen wissenschaftlichen Prüfung nicht mehr standhalten,
druckte Georg Caspar Kirchmaier diese Ansichten in seinem Werk *Clarissi-
morum virorum* ..., Wittenberg 1703 ab.

Ende Oktober 1680 traf bei Guericke in Magdeburg die traurige Nachricht ein,
daß die Mutter seiner Schwiegertochter, Johanna Ulcken, mit 76 Jahren verstorben sei. In ihren Personalia lesen wir: ... *Anlangend endlich Ihre Schwach=
und Kranckheit/ auch endlich seeligen Hintritt/ So ist die* ... *Matrona bey 8.
Wochen her schwäch= und Bettlägerig gewesen ... Sie hat sich zu Zeiten wieder erholet/ daß Sie zu weilen uffkommen und etwas gehen können/ gestalt Sie
auch noch neulich an Ihre liebe Kinder/ als den Fürstl. Holsteinischen an Ihre
May. von Franckreich abgefärtigten Abgesanten/ Herrn Hoffrath* Ulcken/ *wie
auch an Ihres Herrn Sohns Sohn/ Herrn* Leberechten von Guericken *nach Pariß
eigenhändig geschrieben; An nötiger Pflege und Wartunge/ fleißigem Besuch
und angewanten herrlichen* Medicamenten *hat man nichts ermangeln lassen/
alles aber nichts verfangen wollen ... da Sie dann endlich den 24. Octob. am
Sontage Nachmittag umb 2 1/4 Uhr ohn gespürete Angst/ Quaal/ noch einzige
übele Gebehrden/ gar sanfft und seeliglich in Ihrem Erlöser JEsu Christo ...
eingeschlaffen/ Ihres Alters 76. Jahr 3. Monat weniger 3. Tage* ... [55, S. 8].
Sie wurde am 1. November bei ihrem Mann in der St. Katharinenkirche zu
Hamburg beigesetzt. Somit war im Hause Otto von Guericke jun. eine Wohnung für den gebrechlichen Vater und dessen Frau frei, wobei ernsthaft ein
Umzug erwogen wurde.

Zuvor, am 4. Juni 1680, starb der 48. und letzte der Magdeburger Erzbischöfe
und Administratoren, Herzog August von Sachsen, auf seiner Residenz in Halle
nach 42 Amtsjahren. Damit ging eine lange Zeit der Auseinandersetzungen
zwischen der Alten Stadt Magdeburg und den Erzbischöfen bzw. Administratoren zu Ende. In dessen Residenz zog schon am 6. Juni eine brandenburgi-
sche Besatzung ein. Nun fiel Magdeburg endgültig an Brandenburg. Eine Huldigung des Kurfürsten Friedrich Wilhelm war aber nicht möglich. Von Süden
her rollte eine Pestwelle auf Magdeburg zu. 1680 überschritt sie, von Wien

über Böhmen kommend, die Grenze nach Sachsen. Am 9. Februar 1680 ordnete der Rat eine Kontrolle an den Toren an. Die Reitpost von Leipzig durfte die Stadt nicht mehr betreten. Am 20. Juli beschloß der Rat die Pestordnung und setzte einen Pestarzt, -prediger und -chirurgen samt Gehilfen ein. Es wurden auch 24 Leichenträger und 12 Totengräber geworben und ein Pestlazarett errichtet. Pestamt mit Pestnotar und Pestgericht öffneten. Am 16. September traten erste Pestfälle in Leipzig und am 17. September in Burg auf. Trotzdem fand am 18. September, zwar mit Sanktionen gegen befallene Städte, noch die Herbstmesse in Magdeburg statt. Im November 1680 wurde der Handel nach außen abgebrochen, aber schon im Mai 1681 schien sich die Seuche abzuschwächen. So konnte am 20. Mai 1681 die Erbhuldigung des Großen Kurfürsten Friedrich Wilhelm durch die Bürger der Stadt auf dem Alten Markt nachgeholt werden. Die Alte Stadt Magdeburg wurde somit zu einer brandenburgischen Provinzstadt.

Ansicht Hamburgs mit Kometen, 1668 [56]

12 Auszug und Rückkehr in die Provinzstadt Magdeburg

... Also hat Er auch in der gantzen Stadt Magdeburg bey jedermänniglich grosses Lob und Ehre erworben/ und Ihn dieselbe/ wie Er wegen hohen Alters/ grossen Leibes=Schwachheit/ Gebrechen und Unvermögen/ Anno 1681 nach Hamburg zu den Seinigen reisen/ gar ungern von dar ziehen lassen wollen ... [13, S. 26]. Noch vor Juni 1681 reiste unser Otto von Guericke mit seiner jüngeren Frau Dorothea sowie vielem Hab und Gut nach Hamburg zu seinem Sohn Otto, denn schon am 30. Juni 1681 schrieb er einen Brief aus Hamburg an die Kämmerei. Auslösendes Moment für seinen Umzug war wohl die Bedrohung durch die Pest, aber in seinem Inneren wird ihn mehr geschmerzt haben, daß nun endgültig und unverrückbar die Reichsfreiheit der Alten Stadt Magdeburgs zu Grabe getragen worden war. Einer der glühenden Verfechter und Hauptakteure, ja Symbol für diese angestrebten und teilweise errungenen Freiheiten, war wohl Otto von Guericke gewesen.
Nachdem er Magdeburg verlassen hatte, griff die Pest nochmals hart um sich. Am 1. Juli 1681 brach sie erneut aus, ab 15. Juli wurden vom Rat alle Zusammenkünfte untersagt, und schon am 20. August galten 200 Häuser als infiziert. Nachdem ab 24. Januar 1682 keine Todesfälle mehr gemeldet wurden, zog der Rat Bilanz. Gezählt wurden 2 649 Tote, was ungefähr ein Drittel der Bevölkerung der Stadt Magdeburg ausmachte. Die Überlebenden hielten am 6. Februar 1682 ein Dankfest ab. Aber erst am 1. Mai 1683 wurden alle Beschränkungen wieder aufgehoben. Der freie Handel begann langsam zu florieren. Im Januar 1683 lauteten nach einer Zählung die neuen Eckdaten für die Provinzstadt Magdeburg: 757 Hausstellen mit Bürgern belegt, aber 434 unbebaut; 186 Hausstellen mit Witwen belegt, aber 113 unbebaut; 87 Hausstellen mit Soldaten belegt. Von 1577 Hausstellen waren also 1683 nur 1030 bebaut und mit 5155 Seelen belegt, also lag noch ein Drittel der früher bewohnten Hausstellen wüst. Die Bewohnerzahl vor 1631 war bei weitem nicht erreicht. Welch ein gravierender Unterschied zu der blühenden Stadt vor der Zerstörung! Eine größere Bebauung erfolgte erst unter Gouverneur Leopold von Dessau 1702 bis 1747, in deren Ergebnis die Bewohnerzahl wieder wesentlich zu steigen begann [16, S. 323].
Unser Otto schrieb in einem Brief vom 21. September 1681 an den Rat: *... Mit höchstem Leidwesen habe ich eine geraume Zeit hero vernommen, welcher gestalt der Allerhöchste Gott die gute Stadt Magdeburg, mein geliebtes Vaterlandt, mit der heftigen Seuche der Pestilentz alzu hart heimbgesuchet; wie aber Seine Göttliche Allmacht andere vornehme Städte, so damit leider*

auch beleget, endlich darauss errettet hat. Also will zu derselben das feste vertrauen tragen, es werde dieses Elend auch mit der Zeit gegen bevorstehenden Winter cessiren, wie denn von Hertzen wünsche, daß der grosse Gott E. Hochweisen Rath und alle fromme Christen dafür in Gnaden behüten und bewahren, Sie davon erlösen und die gute Stadt in erwünschten Flor ehist wieder bringen und versetzen wolle ... [3, S. 185 f.]. Also hatte Otto den Zeitpunkt seiner Flucht vor der Pest richtig gewählt.

Die Querelen mit dem Rat hielten aber an. Auch in oben genanntem Brief forderte Otto die Zahlungsrückstände an, wohl wissend, daß in Pestzeiten die Stadtkasse immer leer war. Obwohl der Rat ein Entschuldigungsschreiben schickte, wurde seine Abgabenfreiheit mißachtet. Der Rat belegte sein Haus in Abwesenheit mit Soldaten, und seinen Bürgermeisterlohn von 200 Thalern, der bis ans Lebensende zahlbar war, übersandte er nur teilweise. Guericke protestierte mehrmals und bat, als das nichts nützte, den Kurfürsten um Vermittlung. Kurfürst Friedrich Wilhelm besuchte 1682 Hamburg. Er führte politische Verhandlungen und verlangte Berichte von Otto von Guericke jun., seinem Residenten in Hamburg. Ihn hatte er 1681 zu seinem Hofrat gemacht. Bei diesen Gesprächen ergab sich auch ein persönliches Wort zu Guericke sen. und dessen Probleme mit seiner Stadt Magdeburg.

Unser Otto wird sich im gleichen Jahr den großen Brand am Brook, in Kehrwieder und in der Holländischen Reihe angesehen haben. In letzterer wohnten die Verwandten seiner Schwiegertochter. 214 Häuser vernichtete das Feuer [57, S. 74]. Welche Parallelen zum Brand 1613 in Magdeburg, den er als Elfjähriger erlebte! Oder ließ sein derzeitiger körperlicher Zustand solche Reaktionen und Erinnerungen gar nicht mehr zu? In seinem Lebenslauf steht über diese Zeit: ... *Der wohlsehl. Herr hat sich nebst seiner Eheliebsten biß dato bey seinen lieben ... Kindern und Kindes= Kindern in Hamburg auffgehalten/ woselbst Er/ so viel die Leibes=Kräffte in den ersten Jahren haben zulassen wollen/ noch fleissig zur Kirchen gangen/ hernachmals als das Unvermögen mehr zugenommen/ hat Er durch fleissiges fürlesen göttlicher heiliger Schrifft/ seinen Gottesdienst/ mittelst ordentlicher Beichte und Empfahung des heiligen Nachtmahls/ durch seinen Beichtvater/ als erstlich Herrn* Licentiat *Langerhans/ Pastorn zu* St. Nicolai, *sehl. Andenckens/ hernach Herrn* Magister *Müllern/ auch wollgewürdigten Prediger bey gedachter Kirchen/ im Hause gepflogen/ sein Glaubens Bekändtnüß noch für wenig Jahren mit eigener Hand in eines seiner Bethbücher also eingetragen:*
Ich gläube (nebst den drey Articuln *unsers Christlichen Glaubens) daß ich ein sündiger Mensch/ ja in Sünden empfangen und gebohren bin/ und habe damit*

Friedrich Wilhelm, der Große Kurfürst, 1657 [4]

verdienet GOttes Zorn/ zeitlichen Todt und die ewige Verdamniß/ dagegen ist GOTT gnädig und barmhertzig/ und will nicht den Todt des Sünders/ sondern daß er sich bekehre und lebe/ darümb ER dann seines einigen Sohnes nicht verschonet hat/ sondern denselben vor meine und der gantzen Welt Sünde am Stamme des Kreutzes dahin gegeben/ welches theuren Verdienstes ich mich getröste/ und in die heil. Wunden Christi einschliesse/ der da am jüngsten Tage mein Fürsprecher seyn wird ... [13, S. 27].*

An dieser Stelle seien einige Worte zu Guerickes Glaubensvorstellungen geschrieben. Guericke ist ohne seinen evangelischen Glauben nicht denkbar. Sicher wird er viele innerliche Kämpfe durchgestanden haben, bis er Glaubensfragen und naturphilosophische Schlüsse zueinander gebracht hatte. Den Gedanken, diese Schlußfolgerungen gegen seinen Glauben zu richten, wird er nie auch nur geprüft haben. Sicher stellten sich im Angesicht des Todes viele Fragen, auch des Glaubens, bei Guericke neu und anders. So schrieb er in seiner Selbstbiographie: ... *Mein Christenthum betreffend, so habe mich nebst dem wahren Christlichen Glauben mein Lebtage eines Ehrlichen Christlichen Lebens beflissen, der Demüthigkeit gelebet, kein Geschenk noch Gaben genommen, iedermann gerne gehört, niemand beleidiget, so daß kein Mensch von mir sagen kann, daß ich mein Lebtage wäre verklaget worden; wegen der Armuts Notleidende, Unterdrückte, Verlassene bin barmhertzig und nach Vermögen Behülflich und mildiglich gewesen* ... [10, S. 378].

Das Jahr nach der Pest, 1683, war auch in Magdeburg bemerkenswert. Der erfahrene Bürgermeister Stephan Lentke konnte aufgrund der Altersbeschwerden sein Amt zeitweise nicht mehr ausüben. Die jüngeren Bürgermeister Martin Alemann und Ernst Stieler hatten Probleme, die neue Situation zu meistern, besonders die Unterstellung bezüglich Brandenburgs. So schrieben sie an unseren Guericke: ... *wie dann wollgedachter Rath noch* Ao. *83 den 27. Jun. an Ihn schrifftlich dieses gelangen lassen: Es hätte derselbe eine Zeithero gehoffet/ es würde der Herr* Collega *sich wieder dahin gewendet/ und der guten Stadt mit seiner sonderbahren Erfahrenheit/ und getreuen Rath/ so viel sein hohes Alter zulassen wolten/* succurrirt (dt. zu Hilfe eilen) *haben/ so wäre doch solche ihre Hoffnung bißhero vergebens gewesen* ... [13, S. 26].

Mit den Nachrichten aus Magdeburg von der Beendigung der Pestbeschränkungen und dem allmählichen Aufblühen des Handels trafen auch solche von den zunehmenden Altersbeschwerden von Ottos Schwiegervater und langjährigem Bürgermeisterkollegen Stephan Lentke ein. In dessen Personalia steht: ... *Und weiln Er vermercket/ daß das Fieber Ihme/ durch die Hitze/ immer hefftiger zugesetzet/ und seine Schwachheit sich se mehr und mehr vermehret/*

hat Er sein Hauß bestellet/ eine richtige Disposition *seiner Verlassenschafft gemachet/ und solche E. E. Raht/ darob zu halten/* insinuiren (dt. mitteilen) *lassen/ worauff Er sich aller zeitlichen und irrdischen Geschäffte begeben/ und solche Verwaltung seinem ältesten Herrn Sohne/ benebst seinem Herrn Schwieger=Sohn/ Herrn Ambtman Petersen/ auffgetragen/ und hinfürder von nichtes/ als von geistlichen Dingen geredet ...* [38, S. 33].

In seinem letzten Willen, seinem Testament, bekräftigte er am 6. Februar 1684 bezüglich seiner Tochter Dorothea Lentke, unseres Ottos zweiter Frau: ... *Anlangende drittens meine Tochter Frau* Dorothea *Herrn Bürgermeister* Otto von Guericken/ *Eheliebste/ wie selbe balt nach ihre Verheijratung in daß große Unglück, Gott mag wißen durch weßen Verwahrlosung daß geschen/ gerathen, daß sie ihrer rechten Vernunfft leider ist beraubet worden und sie ohne Leibes Erben verbleibt auch gantz keine Hoffnung mehr darzu übrig ist/ also soll sie zwahr mit meinen andern Kindern zu gleichen Theilen gehen/ Eß ist aber hierbeij mein Ernster Väterlicher wille und Meinung, das Besagte meiner Tochter* Dorothea *nicht daß geringste zu ihrer freijen* Disposition *in die Hände verstattet werde/ sondern sol als dan mein Eltester Sohn* Stephanus *nebst meinen Eijdam Herrn Ambtmann* Peters *und Herrn Bürgermeister* Friedrich Andreas Eggeling *als* Executor *dieses* Testaments ... *sich darzu schicken ... und soll obgemelte meine Tochter nicht macht haben, das geringste davon auff ihren Ehemann Herrn Bürgermeister* Otto von Guericken, *oder dessen Sohn Ehester Ehe, noch deßen Kindern* per Testamentum *oder Einigerleij ... Weise zu transferiren ...* [58].

Hier treffen wir zum ersten Male auf Aussagen über Ottos zweite Frau Dorothea. Sie sei also der *rechten Vernunft beraubt.* Wobei wohl als Schuldiger ihr Ehemann Otto angesehen werden kann, worüber aber keine Einzelheiten bekannt sind. Sowohl die teilweise Enterbung der Tochter als auch die vollständige des Schwiegersohnes warfen aber einen Schatten auf die Beziehungen zwischen den Guerickes und den Lentkes. Seit ihren ersten näheren Kontakten, als Stephan Lentke noch das Kämmereramt bekleidete, waren diese mit Auseinandersetzungen um Geldzahlungen verbunden. Vielleicht hatten die konsequente Art der Geldgeschäfte, der große wissenschaftliche Erfolg und der erlangte Adelstitel Otto von Guerickes Lentke, der sogar drei Jahre länger als Guericke Bürgermeister dieser Stadt war, stark getroffen und verbittert.

Hartnäckigkeit und auch Starrsinn prägten den letzten bekannten Brief Ottos, den er eigenhändig unterschrieben hatte. Er schickte ihn noch am 7. April 1686 an den Kurfürsten, wobei er sich über die Nichtzahlung seines Gehaltes durch den Rat der Stadt Magdeburg beschwerte. Der Kurfürst richtete darauf am 7. Mai 1686 ein Schreiben an den Rat und befahl *hiermit nachdrücklich* die Auszahlung des Restbetrages. Erst im Januar 1688 konnte Otto von Guericke jun. sich mit dem Rat vergleichen, wobei er von den fünf schuldigen Jahresgehältern seines Vaters nur drei zu jeweils 200 Thalern in Raten ausgezahlt bekam.

1686 wurde Otto von Guericke immer hinfälliger. Aus seinen Personalia ist zu erfahren: ... *GOtt hat den wollsehligen Herrn die grosse Gnade erwiesen/ daß Er in seinem höchsten Alter bey gutem Verstande/ Gedächtniß/ Gesichte/ Gehör/ guten Appetit im Essen und Trincken/ geblieben/ daß Reden aber/ Gehen und Stehen ist Ihme mit der Zeit beschwerlich gefallen; Als Er nun an Kräfften täglich abgenommen/ hat Er noch vor wenig Tagen/ als den 6 May/ sich mit GOtt versöhnet/ und das heilige hochwürdige Abendmahl/ als seinen Reise= Pfenning/ mit Begierde empfangen/ ist endlich so gar schwach und matt geworden/ daß Er stets das Bette gehalten/ da Er dann immer still hinliegende/ jedoch bey gutem Verstande/ unterm Gebeth der lieben Seinigen und Umbstehenden/ seinen Geist am Diengstage/ war der 11 May/ umb 3 Uhr Nachmittags auffgegeben/ hat also dieses mühsame zeitliche Leben mit dem ewigen Freuden=Leben an gedachtem Tage verwechselt/ nachdem Er (eben am 11 May vor 55 Jahren aus seinen geliebten Vaterlande die löbliche Stadt Magdeburg sich wenden/ und selbige leider von aussen im Feuer auffgehen sehen müssen) in der Welt rühmlich gelebet hat 83 Jahr/ 5 Monath und 21 Tage ...* [13, S. 27]. Otto von Guericke verstarb am 11. Mai 1686 in Hamburg.

Schon am 14. Mai 1686 schrieb Otto von Guericke jun. an den Kanzler des Herzogtums Mecklenburg-Schwerin bezüglich der Überführung seines Vaters: ... *Denenselben kan hirmit dienstfreündlich zu Berichten, nicht umbhin, wie daß es dem allweißen Gotte gefallen, den weyland HochEdelgebohrnen Herrn Otto von Guericken, alß Seiner Churfürstl. Durchl. zu Brandenburg, meines gnädigsten Herrn bestalten Rhatt und Bürgermeistern, meinen geliebten sehl. Vattern, welcher sich bey mir alhier einige Jahre auffgehalten, von dieser Weld abzufordern und in sein ewiges Reich auffzunehmen. Wan ich dan gewillet bin, seinen sehl. Cörper zu waßer nach Magdeburg hinauff bringen zu laßen, Alß ersuche meine Insonders hochgeEhrte Herrn hirmit gantz dienstlich, Sie wollen großgünstig geruhen, und denen fürstl. Zollverwaltern ehest unbeschwert anzubefehlen, daß auff fürzeigunge eines Paßes, Selbiges Sarck ohn auffgehalten und ohne beschwerunge Sie passiren laßen mögen ...* [59, S. 104 f.]. Otto jun. erhielt einen Leichenpaß für den Transport durch mecklenburgisches Gebiet.

Am 17. Mai benachrichtigte Otto jun. den Rat zu Magdeburg: ... *Denenselben*

Titelkupfer der Leichenpredigt Otto von Guerickes, 1686 [13]

kann hiermit aus hochbetrübtem Herzen dienstfreundlich zu berichten nicht umhin, wie dass es dem grossen Gott gefallen, den weiland Hochedelgeborenen Herrn Otto von Guericken, Seiner Churfürstlichen Durchlaucht zu Branden-burg ... bestallten Rath, als ihren gewesenen vierzigjährigen Bürgermeister, meinen werthen, lieben und hochgeehrten Herrn Vater, am verwichenen eilften Mai, Nachmittags um drei Uhr, von dieser mühseligen Welt abzufordern und zu sich in sein ewiges Reich zu nehmen. Wenn dann ich entschlossen bin, sei-nen seel. verblichenen Leichnam am 21. dieses, als künftigen Freitag, allhier in der Sct. Nicolaikirche, adligem Gebrauch nach in hochansehnlicher Be-gleitung bei Tage beisetzen zu lassen ... ob Sie dem seligen Hn. Rathe und Bürgermeister, der sich um die Stadt so meritirt gemacht ... einige Ehre auf selbigen Tag, oder, wann dessen Körper zu Wasser allda anlangen und ins Erbbegräbniss in der Stille beigesetzt werden wird ... [3, S. 196 f.].

Die Beisetzungsfeierlichkeiten für Otto von Guericke wurden sorgfältig vor-bereitet. Der Kurfürst ernannte einen Stellvertreter, der an seiner Stelle teil-nahm. Ein Anonymer schrieb in einer handschriftlichen Erweiterung von Adam Tratzigers Chronik darüber: ... *Den 21. Maji Freitags abens umb 7 Uhr war des Brandenburgischen Hn. Residenten von Guericken Vater Hr. Otto von Guericke, Churbrandenburgischer Rat und Vierzigjähriger Bürgermeister in Magdeburg, 84 jahr alt, alhier in S. Nicolai Kirche begraben, es hatte sich dieser Ao. 1681 da die Pest in Magdeburg zu grassieren angefangen, bei sei-nem Hrn. Sohn alhie aufgehalten, und war eben 55 Jahr, da er aus seinem Vaterlande ausgehen und die Stadt Magdeburg mit Feuer aufgehen sehn müs-sen. Die Leich-Prozession geschahe folgender Gestalt: 1.) der Hr. Bürgermei-ster Schultze, folgete der Leich gantz allein, den er Ihr. Churfl. Durchl. Stelle vertrat; vor und hinter denselben, gingen 2 Herolde, mit Trauer Mäntel und Stäben und darauf der Trauer Herr, welchen 2 Residenten in Trauer begleite-ten; gleich hinter ihm sein Sohn, welchen viele Diener im Trauer Habit, auch Reitende Diener und Leichbitter folgeten. Darauf die Herren Doctores, Rev. Ministerium, der Magistrat, Licentiati, Oberalten und eine große Anzahl Bür-ger in Langenmänteln.*

Der Sarg war mit einer Sammiten Decke behangen und mit vielen Schilden gezieret, nebst das friden Creutz, dem gingen zur seite 4 Knaben in Langen Mänteln und Flohren, mit weißen brennenden Wachslichtern in den Händen, und ward die Leiche über die Neuenburg, Hopfenmarkt, Buhrstade, Hanentrap, und 3 mahl umb die Kirche getragen. In der Kirchen lag eine schwartze Decke im großen Gange negst der Bede, worauf die Leiche unter währender Trauer Music, die bey anderthalb Stunden währete, gesetzet ward. Mittlerweile stund

Guerickes Begräbniskirche St. Nikolai in Hamburg, ca.1670 [19]

der Hr. Bürgermeister Schultze gantz allein in der Juraten Gestülte, der Trau-
er Herr mit den Residenten so ihn begleiteten hinter der Bede, bis endlich die
Leiche von den Reiten Dienern aufgehoben, und ins Chor gesetzet worden, bis
andren Tages, da sie nach dessen Heimat umb daselbst beerdiget zu werden
geführet worden, und darauf ging man in voriger, Ordnung wieder nach dem
Trauer Hause ...[12, S. (156)].

Nach den Beisetzungsfeierlichkeiten traf das Antwortschreiben vom Rat der
Stadt Magdeburg vom 25. Mai 1686 ein. Er schrieb: ... *Werden auch nicht*
ermangeln, wenn der Körper allhier wird angelangt sein und beigesetzt wer-
den soll, einen Leichenzug, welcher alsdann mit besserer Manier, als anitzo in
Abwesenheit des Körpers geschehen kann, in der Ulrichskirche allhier, wo-
selbst er eingepfarrt gewesen, ohne Bezahlung des Geläutes ... verrichten zu
lassen, welches auch gleichfalls in andern Kirchen, wenn es begehrt wird ...
geschehen kann ... [3, S. 197 f.].

So trat der Sohn der Stadt Magdeburg am 22. Mai 1686 seine letzte große
Reise an. Dabei mußten folgende Zollstationen an der Elbe, die zur Visitation
berechtigt waren, mit dem Schiff angelaufen werden: Hamburg, Lauenburg,
Boitzenburg, Bleckede, Hitzacker, Dömitz, Lenzen, Schnakenburg, Sandau,
Tangermünde und Magdeburg. Der Lastkahn des Schiffers Christoff Block,
der mehrere Leichenpässe von Otto jun. erhalten haben mußte, passierte am
15. Juni 1686 die Zollstelle Dömitz. Die geschätzte Gesamtladung betrug rund
32 t und enthielt u. a. Stockfisch, Tran, Tabak, Holz, Käse, Alaun, Kleider-
koffer. Weiter meldete der Schiffer den Transport des Leichnams Otto von
Guerickes nach Magdeburg und verwies auf einen Paß. Der Zollverwalter
Christoph Patow schrieb in das Zollbuch: ... *Ferner Meldet derselbe Schiffer*
an, des Churfürstl: brandenburgl: H: residenten in Hamburg otto von guericken
Sehl: H: Vatters Todter Cörper. So nacher Magdeburg geführet wird, ümb
alda begraben zu werden. Ist auff gnädigste order Freij Passiren ... [Monumenta
Guerickiana in Druck]. Am 2. Juli 1686 läuteten in Magdeburg alle Glocken,
während sich der Leichenzug von der Großen Münzstraße zur Ulrichskirche
und dann zur Beisetzung in das Erbbegräbnis der Alemann-Guerickeschen Gruft
zur Johanniskirche bewegte [7, S. 87 ff.].

Otto von Guericke hinterließ seine zweite Frau Dorothea, seinen Sohn Otto, in
ausgezeichneter Stellung, und dessen zweite Frau mit ihren fünf lebenden Kindern. Enkel Leberecht wurde später Königlich Preußischer Geheimer Regie-
rungsrat und Regierungsdirektor in Magdeburg, Enkel Friedrich Wilhelm von
Guericke wurde Königlich-preußischer Hauptmann, der 1705 die Reichs-
freiherrenwürde erhielt. Die drei Enkelinnen heirateten gut.

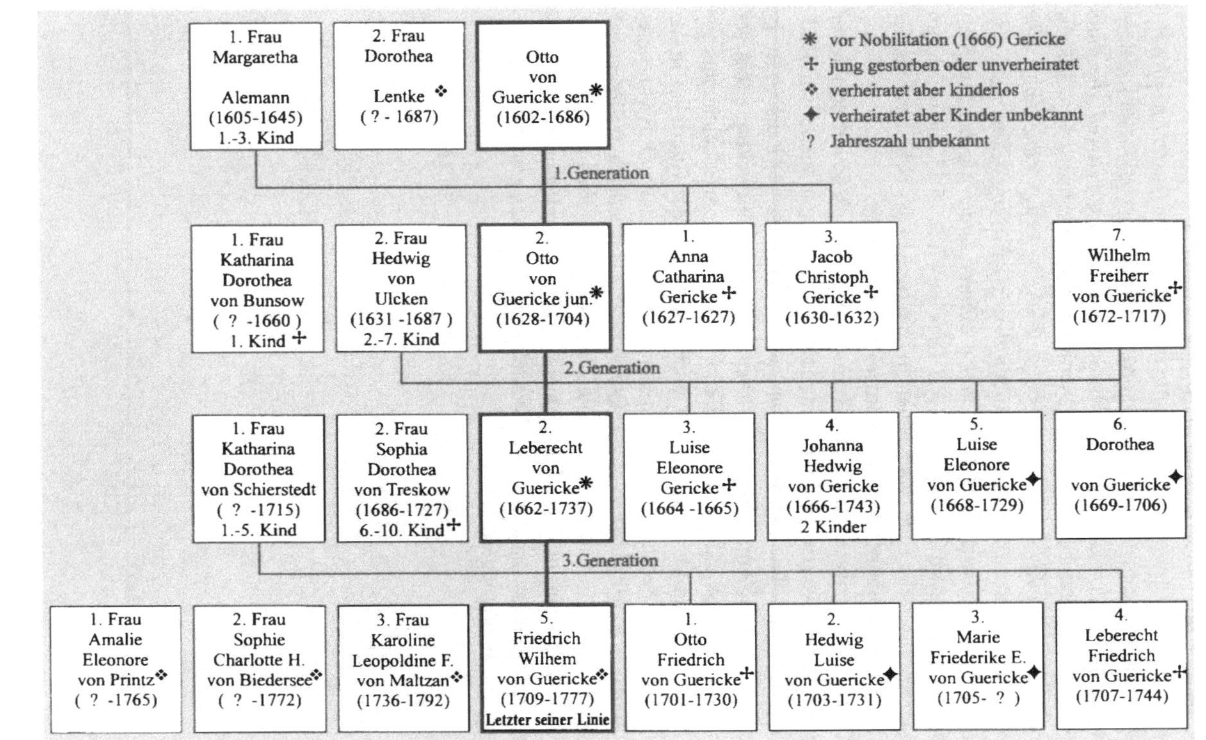

Nachfahren Otto von Guerickes nach Vincenti [12, S. (394) f.]

Anders verhielt es sich mit der Schwiegertochter Hedwig Ulken. Sie starb am 8. Februar 1687 in Hamburg. In ihren Personalia finden wir: ... *Am 3. Februarii ist Sie Bettlägerich geworden/ da sich ein beschwerlicher Husten/ Kopffwehe und Angst zum Hertzen herfürgethan. Worauff man den Herrn* Doctor Lipstorp *und nachgehends den Herrn* Doctor Biester *zu ihr erbitten lassen/ die auch verschiedene heilsahme und köstliche* Medicamenta *verordnet ... folgendes ist Sie in einen sanfften Schlaff gerathen/ biß endlich Dingstags frühe umb 2 Uhr den 8 Februarii dieses 1687 Jahres die Zeit ihrer Aufflösung gekommen ... da Sie diese Nichtigkeit angeschauet 55 Jahr 4 Monath und 3 Wochen/ im Ehestande aber zugebracht 25 Jahr weniger 3 Tage ...* [47, S. 16 f.]. Sie wurde am 10. März in der Kirche zu St. Katharinen zu Hamburg in das Erbbegräbnis der Eltern mit hochansehnlicher Leichenprozession beigesetzt.

Dorothea Lentke, unseres Ottos zweite Frau, war wohl ob soviel erfahrener Trauer hinfällig geworden oder an dem gleichen Husten und Fieber wie Hedwig erkrankt. Sie folgte ihrem Ehemann schon im März 1687 ins Grab. In einem Brief vom 2. April 1687 [65] forderte Otto von Guericke jun. bei der Regierung von Mecklenburg einen Paß für den Transport ihres Leichnams per Schiff nach Magdeburg an. Sie wurde im Erbbegräbnis der Guerickes in der Johanniskirche beigesetzt. Ein Jahr später, zwei Jahre nach Otto von Guericke, starb am 9. Mai 1688 auch der Große Kurfürst Friedrich Wilhelm, der so manchen Strauß mit unserem Otto um Magdeburg ausgefochten hatte. Eine andere, neue Generation ergriff nun im Rathaus der brandenburgischen Provinzstadt Magdeburg das Zepter des Handelns und führte es gemäß der neuen, veränderten Bedingungen.

13 Das Erbe Otto von Guerickes

Otto von Guerickes Leben und Werk ordnet sich in die bedeutende Geschichte der fast 1200jährigen Stadt Magdeburg ein, die eng und fruchtbar mit der deutschen und europäischen Geschichte verwoben ist. Die großen Traditionen der Wissenschaftsgeschichte sind aber bisher in der Geschichtsschreibung der Stadt unzureichend aufgearbeitet. Daher ist häufig eine Unterbewertung des geistig-kulturellen Lebens und der diesbezüglichen Ausstrahlung Magdeburgs in den mitteldeutschen Raum in entsprechenden Publikationen festzustellen. Guerickes *Alte und Neue Magdeburger Versuche, Magdeburger Halbkugeln, Wettermännchen, Schwefelkugel* und *Magdeburger Thermometer* aber trugen schon zu seiner Zeit – und tragen noch heute – den Namen seiner Vaterstadt in die deutschen Lande und in die Welt.

Otto von Guericke hat an vielen geschichtsträchtigen, politischen Ereignissen seines Jahrhunderts aktiv teilgenommen, die bis heute tiefe Spuren in seiner Geburtsstadt Magdeburg hinterlassen haben: ... *Bey hohen Potentaten hat er allemahl/ wo Er hin verschickt gewesen/ alle hohe Gnade/ Hulde und guten* Acces *gehabt/ wie Er dann zum öfftern bey allerhöchstgedachter Käyserl.* Maystät Ferdinando III. *und* Leopoldo I. *zu Wien/ zu Prag/ zu Regenspurg/ bey dem seeligst verstorbenen Pfaltzgrafen/ als Er noch Königl. Schwedischer* Generalissimus, *bey des Herrn* Administratoris *zu Halle Fürstl. Durchl./ bey denen Käyserlichen/ Königlichen/ Churfürstlichen und Fürstlichen Gesandten zu Oßnabrüg/ Münster/ Nürnberg/ Regenspurg/ hernachmals auch bey offthöchsterwehnter Sr. Churfl. Durchl. zu Brandenburg/ (die aus sonderbahrer zu Ihn tragenden Churfürstl. Hulde und Gnade vor langen Jahren seine Behausung mit Dero Churfürstl. hohen Gegenwart so hoch gewürdigt) allergnädigst/ gnädigst/ und gnädige* Audienzien, *und gute* Dimissiones, *zu der Stadt und seinen Ehren ... allemahl gehabt ...* [13, S. 26].

Soll Otto von Guerickes Lebenswerk eingeschätzt werden, ist zuallererst seine Bedeutung für die Alte Stadt Magdeburg hervorzuheben. Über 50 Jahre (1626 bis 1678) war er Mitglied des Rates (Bauherr, Schutzherr, Ingenieur, Kämmerer, Scholarch, Apothekenherr), 30 Jahre (1646 bis 1676) einer der vier, wenn nicht der bedeutendste Bürgermeister, 20 Jahre (1642 bis 1662) in diplomatischen Missionen an den Brennpunkten europäischer Geschichte unterwegs. Dabei stand er mit den Vertretern der entscheidenden europäischen Mächte in Verhandlungen, besonders mit den kaiserlichen, schwedischen, sächsischen, brandenburgischen und hansestädtischen Delegationen, den Reichsfürsten und Kaisern. Sein Ziel war es, die im Dreißigjährigen Krieg arg geschundene und zerstörte Stadt wieder aufzurichten und neu entstehen zu lassen. Mit ihr hatte er Höhen, wie die schon welkende Blüte als *die protestantische Stadt* nach 1600, aber wohl auch die tiefsten Tiefen, wie die völlige Zerstörung 1631 und den schwierigen Aufbau, durchlebt und mitgetragen. Er mußte erleben, daß seine angestrengten diplomatischen Missionen die Reichsfreiheit der Stadt nicht sichern konnten, und sie diese aufgrund der sich ändernden politischen Machtkonstellation mit dem Vergleich von Kloster Berge (1666) endgültig 1680 an Brandenburg verlor. Unumwunden kann festgestellt werden, daß Otto von Guericke sein *Leben für die Alte Stadt Magdeburg* lebte.

In seinem Todesjahr 1686 stellte Isaac Newton das entscheidende Werk zur Begründung der klassischen Physik *Philosophia naturalis principia mathematica* in London fertig. Guerickes wissenschaftliche Bedeutung (auch dafür) ist wohl unumstritten und in vielen Veröffentlichungen beschrieben. Dieses 17. Jahrhundert war in Mitteleuropa durch große wissenschaftliche und weltanschauliche Umwälzungen gekennzeichnet. Von Italien, Holland, England und Frankreich gingen Impulse aus, die die Naturwissenschaften revolutionierten. In Deutschland konnte durch die staatliche Zersplitterung keine zentrale, die Naturforschung befruchtende Wissenschaftlervereinigung entstehen, wie dies in England und Frankreich der Fall war. So gab es eine Reihe privater Naturforscher fern der Universitäten, zu denen Guericke gehörte.

Er lernte die Auffassungen und Methoden eines Giordano Bruno und Galileo Galilei in Leiden während seines Studium (1623 bis 1624) kennen und verfolgte sicher die Verurteilungen Galileis (1633) mit großer Aufmerksamkeit. Auf dieser Grundlage gelangte er durch theoretische Studien und entsprechende praktische Versuche zum Kopernikanismus und Atomismus, wie sich aus seinen Werken ersehen läßt. Ausgangspunkt seiner Forschungen ist die Neue Astronomie: Das All ist unendlich, die Fixsterne sind in eine riesige Entfernung von der Erde zu setzen. Trotzdem können wir sie sehen. Wäre Luft zwischen ihnen und der Erde, dann würde diese das Licht absorbieren und man könnte die weiter entfernten Sterne nicht sehen. Da wir sie aber gut sehen, folgerte Guericke, muß der Raum zwischen den Sternen luftleer sein. Der Beweis wäre dann erbracht, wenn es gelänge, auf der Erde eine solche Leere, ein Vakuum, herzustellen.

Nach jahrelangen Fehlversuchen gelang Otto von Guericke dies ab 1650 immer besser. So konnte er das Phänomen der Furcht vor dem Leeren (horror vacui) des Aristoteles durch Experimente demonstrieren, seine Überwindung und damit Endlichkeit zeigen. Er leitete den Luftdruck aus der Schwere der Luft ab und experimentierte so anschaulich und augenscheinlich, daß einige seiner potentiellen Gegner begeistert seine Versuche nachmachten und ihrerseits neu interpretierten. Die damit ausgelösten wissenschaftlichen Diskussionen in der zweiten Hälfte des 17. Jahrhunderts charakterisierten ihn als Vater der Vakuumtechnik und Naturforscher von europäischem Rang.

Experimente wurden durch sein Beispiel zunehmend zu einer akzeptierten wissenschaftlichen Methode. Nach Galilei und seinen Schülern in Italien war Guericke der *Vater der Experimentalphysik in Deutschland*, der *Archimedes Deutschlands* [46]. Er ging als Erster dazu über, seine Versuche meßtechnisch zu erfassen, in absoluten Zahlenwerten zu berechnen und daraus rechnerisch gestützte Vorhersagen abzuleiten. Gleichzeitig setzte er sich mit der Philosophie des Aristoteles auseinander und geriet so durch die Annahme eines Vakuums in die Nähe der griechischen Atomisten. Somit griff Guericke erfolgreich in die *Atomismusdiskussion* ein, die Galilei, Gassendi, Sennert, Jungius u. a. am Anfang des 17. Jahrhunderts mit der Rezeption des antiken griechischen Atomismus ausgelöst hatten.

Die astronomische, philosophische Diskussion und der experimentelle Nachweis des Vakuums durch Guericke waren Ursachen für die Suche nach unkörperlichen (also nicht unmittelbar an Stoffe gebundenen) Kräften. Er benannte dabei eine ganze Reihe solcher Weltkräfte, so die *elektrischen Kräfte*. Durch die Versuche mit der Schwefelkugel konnte Guericke sie beschreiben, anziehende und abstoßende Wirkung bzw. Leitung aufzeigen. Damit wurde er zum *Vater der Elektrostatik*. Seinen Wegen folgend, entwickelte sich die englische und französische Schule der Elektrizitätslehre.

Auf Drängen seiner Freunde verfaßte Otto von Guericke 1663 ein Manuskript über seine Forschungsergebnisse, Ansichten und Schlußfolgerungen und veröffentlichte das Werk *Experimenta Nova (ut vocantur) Magdeburgica de Vacuo Spatio* 1672 in Amsterdam. Es ist das wissenschaftliche Vermächtnis seiner 70 Lebensjahre, das schon durch *Gaspar Schotts Mechanica hydraulico-pneumatica* (1657) und *Technica curiosa* (1664) und andere Werke bekannt geworden war und schnell europaweite Verbreitung fand.

Guericke pflegte mit vielen Wissenschaftlern seiner Zeit *Briefkontakte*, so auch mit Schott, Leibniz, Magni, Kircher, Lubienietzki, Homberg, Tschirnhaus, Hauptmann. Bedeutende Wissenschaftler und bekannte Persönlichkeiten beschäftigten sich mit den Forschungsergebnissen Guerickes, so Zucchi, Cornaeus, Boyle, Hooke, Papin, Huygens, Sturm, Musschenbroek, Leupold, Volder, Monconys, Lana, Mersenne, Hawksbee, Gravesande, Wolff, Leibniz, Kircher, Kirchmaier, Happel, Valentini sowie die Königin von Schweden, Christina, der Große Kurfürst, Friedrich Wilhelm, die Kaiser, Ferdinand III. und Leo-

pold I., der Reichskanzler und Fürstbischof, Johann Philipp von Schönborn,
der Präsident, Otto von Schwerin in Berlin.

Nicht zu vernachlässigen ist die *Bedeutung* Otto Gerickes *für seine Familie.*
Er schaffte es, den totalen Verlust seines Hab und Gutes bei der Zerstörung
Magdeburgs 1631 zu verkraften und zu überwinden, die Familie zusammen-
zuhalten, ihren Reichtum neu zu begründen und seine erkämpften Privilegien
zu sichern, was in der Nobilitation 1666 für ihn und seine Erben gipfelte. Sein
Sohn Otto als einziges länger lebendes Kind erhielt eine ansehnliche Stellung
als Resident Kurbrandenburgs im Niedersächsischen Kreis und Hamburg, ähnlich seine Enkel Leberecht und Wilhelm.

Der größte Sohn der Stadt Magdeburg, und das läßt sich zu Recht sagen, ist
eine ihrer hervorragenden Persönlichkeiten, die die großen Umwälzungen jener Zeit in Politik, Wirtschaft und Wissenschaften meistern mußte. Seine
wissenschaftshistorische Bedeutung für Deutschland und Europa steht der politischen für die Alte Stadt Magdeburg nicht nach. Das alles und sein 400.
Geburtstag im Jahre 2002 sind Anlaß, sich seines Erbes mehr als bisher zu
besinnen, es aufzuarbeiten und der Nachwelt weiterzugeben.

Darstellung der Experimente Guerickes bei Happel, 1684 [60]

14 Bisherige Aufarbeitung seines Erbes

Die Pflege des Werkes und Erbes Otto von Guerickes in Magdeburg und in
Deutschland weist eine wechselvolle Geschichte auf. Schon zu Lebzeiten wurde
Guericke durch den Großen Kurfürsten Friedrich Wilhelm mit der Übersen-
dung eines Porträts für seine wissenschaftlichen Leistungen, durch den Kaiser
1666 mit der Verleihung des Adelstitels für seine politischen und wissenschaftlichen Leistungen und durch die Stadt mit vielen Privilegien geehrt. Durch die
Meinungsverschiedenheiten zwischen den Guerickes und der Stadt Magdeburg (Anerkennung der Privilegien Otto von Guericke sen.) wurde eine Wei-
terführung und sichtbare Darstellung seines Werkes in der Stadt erschwert.
Das zeigte sich schon bei und nach der Grablegung Guerickes am 2. Juli 1686.
Die erste gedruckte Würdigung seines Werkes und Lebens ist die schon viel
zitierte *Trost=Schrifft* und das *Hochschuldige Ehren= Gedächtniß* vom 13.
Mai 1686 [13], wobei für die biographischen Daten eine von unserm Otto
verfaßte Selbstbiographie [10] und die Angaben seines Sohnes Otto jun. [34]
grundlegend waren. Die Leichenpredigt war lange Zeit unbekannt und ist erst
in unserem Jahrhundert wiederentdeckt worden.
Eine erste Ehrung des Versuches mit den Magdeburger Halbkugeln erscheint
zum 100. Geburtstag Guerickes 1702. Allerdings wird die Münze, auf die Bezug genommen werden soll, nicht in Magdeburg, sondern in Braunschweig
geprägt. Auf dem sogenannten *Luftpumpenthaler* sind die Magdeburger Halbkugeln abgebildet.
Es vergingen einige Jahre, bis Johann Moller 1744 in seiner *Cimbria literata*
[46], die *Biographien zu Eingebürgerten oder Ausländer enthält, die im Her-
zogtum Schleswig-Holstein entweder mit öffentlichen Ämtern betraut oder sich
länger dort aufhielten* enthält, die Leistungen Guerickes wieder aufnahm. Im
zweiten Band wurden auf vier Druckseiten seine Verdienste für die Stadt und
die Wissenschaften treffend geschildert und dann Lobeserhebungen von Boyle,
Schott, Monconys, Rist, Major, Morhof, Kirchmaier, Sturm, Valentin, Dorsten
u. a. dargebracht, sowie Schriften zitiert, in denen Otto von Guericke genannt
wird. Am Ende schrieb Johann Moller: *... Noch nicht herausgegeben: Die Geschichte der am 10. Mai 1631 vom kaiserlichen Heer besetzten und niederge-
brannten Stadt Magdeburg, deren Herausgabe mit der einheimischen Biographie Guerickes erwartet werden sollte ...* [46], was noch über 100 Jahre dauern
wird.
1753 bis 1762 vollzog G. C. Silberschlag, Lehrer an der Kloster-Berge-Schule
und Entdecker der Venusatmosphäre, Guerickes Versuche nach (unter der För-

derung von Abt Steinmetz) und schrieb darüber ein Buch. G. C. Silberschlags *Ausgesuchte Closter-Bergische Versuche in den Wissenschaften der Natur- lehre und Mathematik*, Berlin 1768, war lange Zeit die einzige Würdigung Guerickes in der Wissenschaftsgeschichte aus Magdeburg. Silberschlag konnte an den Magdeburger Schulen nicht gebunden werden und ging nach Berlin. Aber besonders die Magdeburger Schulen hielten die Erinnerung an Guericke durch Silberschlags Buch und durch Schülervorträge über die Leere, die Schwe- felkugel und die Experimente wach.

Am 21. Mai 1759 wurden 1549 Bücher aus dem Besitz der Familie Guericke versteigert. Der gedruckte Katalog liegt vor. Die Familienbibliothek, in der die Bücher Otto von Guerickes einen wesentlichen Teil ausmachten, boten die Erben zuerst der Stadt an, die aber mangels finanzieller Mittel den Kauf ab- lehnte. Sie vertat damit eine erste und einmalige Chance, Guerickes Erbe auf- zubereiten. Es sollte der Stadt und der Otto-von-Guericke-Gesellschaft aber trotzdem gelingen, diese Bibliothek in den wesentlichen Teilen durch Erwer- bungen neu zu begründen.

Eine außergewöhnliche Anerkennung erfuhr Otto von Guericke durch König Ludwig I. von Bayern in der Walhalla bei Regensburg. Guerickes Büste ge- hörte zu den ersten, die bei deren Eröffnung 1842 aufgestellt waren. König Ludwig I. schrieb in *Walhalla's Genossen*, München 1842, über Guericke: ... *Wissenschaftlichem Forschen ergab sich Guerike, doch ohne Vernachlässi- gung der Bürgerpflicht, wie er denn, von seiner Geburtsstadt zum Rathsherrn erwählt, die Bürgermeisterstelle sich verdiente, welche, erst nach ein und dreyßigjähriger Führung, hochbetagt, von ihm niedergelegt wurde. Rechts- beflissener anfangs, wurde er dann Physiker; solch großen hatte Teutschland nicht gehabt* ... [61, S. 61 ff.].

Erst nach diesem Anstoß von außen wurden mit der Aufarbeitung der Stadtge- schichte durch Heinrich Rathmann (1816) und Friedrich Wilhelm Hoffmann (1856 und 1871) Guerickes Leistungen als Bürgermeister, Diplomat und Kom- munalpolitiker wiederentdeckt. Eine erste, 54 Seiten umfassende Biographie wird 1862 in Magdeburg von Friedrich Dies unter dem Titel *Otto von Gue- ricke und sein Verdienst* herausgegeben. Er schrieb: ... *Schon seit längerer Zeit mit der Abfassung des vorliegenden Schriftchens beschäftigt, wurde ich durch das neuerdings in unserer Stadt sich lebhafter regende Interesse für den Gegenstand desselben veranlaßt, es zum Abschluß zu bringen und der Oeffentlichkeit zu übergeben. ... Zwei Ottonen haben den Glanz ihres Namens in die Geschichte Magdeburgs verwoben. Längst schon hat die Dankbarkeit der Vorfahren Otto dem Großen, dem Gönner und zweiten Gründer der Stadt, ein ehrwürdiges Monument errichtet ... Unter allen Männern, welche nach ihm sich Verdienste um die Stadt erworben oder als ihre Söhne ihr Ehre gemacht haben, nimmt keiner eine hervorragendere geschichtliche Stellung ein, als* Otto von Guericke. *Sein Andenken wird zwar nimmer verlöschen; aber ehren wird sich selber dasjenige Geschlecht, welches die edle Gestalt des treuen Arbeiters an der Verwaltung, Vertheidigung und Wiederherstellung der Stadt, des unermüdlichen Kämpfers für ihr Recht und ihre Freiheit, des gefeierten Naturforschers und Erfinders den Mit- und Nachlebenden in ehener Schöne und Dauer vor Augen stellen wird ...* [2, S. 3 f.]. Auch das hier geforderte Denkmal ließ noch fast 50 Jahre auf sich warten.

Die erste große und auf viele neue Originalquellen bezogene Biographie gab Julius Otto Opel 1874 heraus: *... Auf den Wunsch des Herrn Verlegers veröffentliche ich hiermit ein nachgelassenes Werk des um die Geschichte der Stadt Magdeburg wohl verdienten Friedrich Wilhelm Hoffmann, das Werk seines Greisenalters. Da unsere historische Literatur an derartigen biographischen Denkwürdigkeiten vornehmlich aus älterer Zeit noch immer so ausserordentlich arm ist, so war es gewiss ein guter Gedanke des Verfassers, ein Leben zu schildern, in welchem sich zugleich die denkwürdigsten Ereignisse seiner Vaterstadt spiegelten ...* [3, S. V]. Unter dem Titel *Otto von Guericke, Bürgermeister der Stadt Magdeburg. Ein Lebensbild aus der deutschen Geschichte des siebzehnten Jahrhunderts* enthält diese Schrift von Friedrich Wilhelm Hoffmann eine umfangreiche Würdigung der Leistungen Guerickes in und für die Alte Stadt Magdeburg. Seine naturwissenschaftlichen Forschungen werden aber nur kurz und oberflächlich berücksichtigt. Seitdem setzen sich Magdeburger Historiker und ehrenamtliche Guericke-Forscher regelmäßig mit Otto von Guerickes Erbe auseinander.

Ein weiterer Einstellungswandel der Stadt zu Guerickes Erbe zeichnete sich in Vorbereitung auf seinem 200. Todestag im Jahre 1886 ab. H. Zerener [62] gab aus Anlaß der Eröffnung der Elektizitätsausstellung in Paris 1881 eine Übersetzung der *Experimenta Nova Magdeburgica ... mit der Schwefelkugel aus der lateinischen in die deutsche und französische Sprache heraus. Sie begleitete mit gegenständlichen Ausstellungsstücken den Beginn des Siegeszuges der Elektrizität auf unserem Planeten.

1879 wird die erste Institution in Magdeburg, die Otto-von-Guericke-Schule, nach ihm benannt. Aber den Stand der Ehrungen charakterisiert auch die Umgestaltung der Alemann-Guerickeschen Gruft in der Johanniskirche (1890) zu einem Heizungskeller. Die damit verbundene Räumung und Verlegung der Gebeine Guerickes wurde ohne nachweisbares Protokoll und Nennung seines

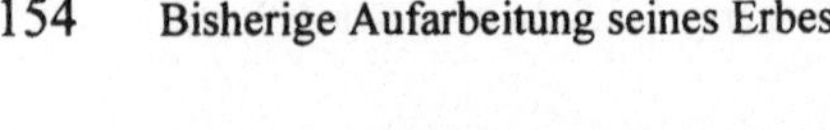

Denkmal Otto von Guerickes (1907), An der Hauptwache in Magdeburg [19]

neuen Begräbnisortes vollzogen. Bis heute ist es dadurch nicht möglich, die endgültige Lage der Gebeine Guerickes in Magdeburg zweifelsfrei festzustellen.

Sein 300. Geburtstag 1902 war dann ein entscheidender Wendepunkt. So meldeten sich Historiker außerhalb Magdeburgs, wie F. Archenhold, F. Dannemann und F. Strunz, und auch in Magdeburg, wie M. Dittmar, E. Neubauer und später W. Ahrens, mit neu aufgefundenen Dokumenten über Guerickes Leben und Leistungen zu Wort. Die Ehrung wurde im ganzen deutschsprachigen Raum begangen. Sein überfälliges Denkmal (seit 1823 geplant und wiederholt aufgeschoben) wurde von Echtermeyer gestaltet, aber erst 1907 eingeweiht. Schon 1906, bei der Grundsteinlegung des Deutschen Museum in München, übergab der Kaiser die originale Pumpe 3. Bauart und die Magdeburger Halbkugeln aus seiner Bibliothek. Die Festansprache zu Leben und Werk Guerickes hielt am 13. November 1906 Prof. Adolf Slaby [64]. Im Ehrensaal des Museums kann ein Gemälde Otto von Guerickes betrachtet werden, unter dem eine Gedenktafel mit folgenden Worten angebracht ist: *Otto von Guericke der deutsche Begründer der experimentellen Wissenschaften. Die Luftpumpe hat seinen Namen berühmt gemacht, mit ihr hat er ein weites Gebiet physikalischer Erkenntnis erschlossen, wesentliche Grundlagen der Maschinentechnik geschaffen.* Diese Würdigung im Rahmen der großen Deutschen aus Naturwissenschaft und Technik verfehlte seine Wirkung auf die nationale und internationale Guericke-Forschung nicht.

Gezwungenermaßen setzte die Guericke-Forschung in der Stadt intensiver ein, um verlorenen Boden gutzumachen. Auch die Suche nach dem Grab Guerickes wurde begonnen. Sie verlief zuerst in Magdeburg und dann in Hamburg ergebnislos. Eine Entscheidung für seine Vaterstadt konnte erst 1981 durch die Entdeckung der Überführungsdokumente von Hamburg nach Magdeburg fallen. Um 1930 betraute der Verein Deutscher Ingenieure den Physiker und wissenschaftshistorisch interessierten Dr. Hans Schimank aus Hamburg mit der Übersetzung *Ottonis de Guericke Experimenta Nova (ut vocantur) Magdeburgica de vacuo spatio* [12] aus dem Lateinischen in die deutsche Sprache. Die Stadt wurde auf Schimank aufmerksam und beauftragte ihn schließlich mit dem Schreiben einer umfassenden Biographie zum 250. Todestag 1936, in der erfolgreich der Versuch unternommen wurde, wissenschaftshistorische Forschungen zu Guerickes naturwissenschaftlichem Werk mit den bekannten biographischen Daten und der Stadtgeschichte zu verschmelzen, Guericke als Gesamtperson darzustellen. Lange sollte Schimanks Biographie *Otto von Guericke, Bürgermeister von Magdeburg, ein deutscher Staatsmann,*

Funktionsprobe für die nachgebildeten Magdeburger Halbkugeln, 1936 [19]

Denker und Forscher, Magdeburg 1936 [4] richtungsweisend für die Aufarbeitung von Leben und Werk Guerickes sein. Schimank setzte sich über 40 Jahre lang mit unserem Otto auseinander. Er schrieb: ... *Die kurze Darstellung (60 Druckseiten), die Guerickes Leben und Leistungen auf den vorstehenden Seiten gefunden haben, will und darf kein Abschluß sein. Sie soll im Gegenteil den Anstoß zu erneuter und vertiefter Forschung geben. Denn was wir über diesen großen deutschen Staatsmann und Naturforscher bisher Sicheres wissen, ist erstaunlich wenig. Eine Lücke wird noch im Laufe dieses Jahres ausgefüllt werden durch die vollständige Uebertragung seiner* Magdeburgischen Versuche *ins Deutsche* ... [4, S. 62]. Es bedurfte noch über 30 Jahre harter Arbeit, bis er das genannte Werk bewältigt hatte.

Dieser 250. Todestag Otto von Guerickes 1936 wurde zu einem Höhepunkt der bisherigen Guericke-Forschung. Prof. Conrad Matschoß hielt die Gedenkrede in der vollbesetzten Stadthalle zu Magdeburg. Der Halbkugelversuch mit den 16 Pferden wurde erstmals wieder vor Tausenden Jugendlichen auf den Rennwiesen im Herrenkrug augenscheinlich dargestellt. Die dazu angefertigten Stahlgußhalbkugeln, gegossen im Friedrich Krupp-Grusonwerk Magdeburg, sind noch heute zu diesem Zweck in Gebrauch. Eine Reihe Veröffentlichungen von G. von Klinckowstroem, W. Kossel und immer wieder Hans Schimank entstanden.

Hans Schimanks Arbeiten in Hamburg konzentrierten sich zunehmend auf Guericke, so daß die Stadt Magdeburg erwog, ihm in ihren Mauern ein Institut einzurichten. Die Verhandlungen erreichten 1941 mit der Freisetzung von Räumlichkeiten ihren Höhepunkt. Aber Schimank konnte nicht nach Magdeburg gezogen werden. Er war nach dem Krieg in Hamburg einer der Initiatoren des Instituts für Geschichte der Naturwissenschaften, Mathematik und Technik und Initiator vieler großer wissenschaftshistorischer Traditionen. Das Zentrum der Guericke-Forschung lag nach 1945 also zwangsläufig in Hamburg und blieb es bis zu Schimanks Tod im Jahre 1979.

Der 350. Geburtstag Guerickes 1952 war auch in Magdeburg ein Anlaß, die Würdigungen Guerickes nach dem Krieg wieder neu zu beleben. Die Forschungen erfolgten aber nur sporadisch. Es entstanden eine erste kleine Biographie von Alfons Kauffeldt [5], den dieses Thema nicht wieder losließ, eine Festschrift und ein Reihe von teilweise verklärenden, aber erfolgreichen Romanen über Guericke (W. Basan, M. Jordan).

Im folgenden Jahr 1953 wurde die erste akademische Ausbildungsstätte in der Geschichte Magdeburgs, die Hochschule für Schwermaschinenbau, gegründet. Selbst zu ihrer Umbenennung und Namensgebung in *Technische Hoch-*

schule „Otto von Guericke" am 10. Mai 1961 konnte die Festansprache nur von Prof. Hans Schimank aus Hamburg gehalten werden [63, S. 45 ff.]. Im Gegensatz zu anderen Hochschulen sah man sich hier zu Recht der älteren Magdeburger Geschichte verpflichtet. Aufgrund einer Anregung und der diesbezüglichen Vorarbeiten von Prof. Ernst Schiebold und Prof. Ernst-Joachim Gießmann wurde *Otto von Guericke* als Namenspatron vorgeschlagen und bestätigt.

1968 erschien im VDI-Verlag Düsseldorf die bisher umfangreichste und wissenschaftlich fundierte Ausgabe zu Guerickes naturphilosophischem Werk *Otto von Guerickes Neue (sogenannte) Magdeburger Versuche über den Leeren Raum; nebst Briefen, Urkunden und anderen Zeugnissen seiner Lebens- und Schaffensgeschichte* [12]. Schimank gab diese Zusammenfassung seiner nunmehr 40jährigen wissenschaftshistorischen Forschungen zu Guericke in Zusammenarbeit mit Gossens und Krafft heraus. Der deutschen Übersetzung waren umfangreiche Anmerkungen, Briefe, Dokumente und eine Biographie Guerickes angehängt. Seither ist dieses Buch das unumstrittene Standardwerk und auch Vorbild der heutigen Guericke-Forschung. Die Arbeiten über Guericke wurden durch Schimanks Mitarbeiter Dr. (später Prof.) Fritz Krafft fortgesetzt und nach Mainz verlagert. Hier ergänzte Krafft in der Reihe *Erträge der Forschung* 1978 [6] seine bisherigen Arbeiten.

Mit der Technischen Hochschule war aber nun eine große Institution in der Stadt Magdeburg verpflichtet, Leben und Werk Guerickes zu erforschen und zu würdigen. Der einzige Guericke-Forscher der DDR, Prof. Alfons Kauffeldt, wurde an die Technische Hochschule berufen und beschäftigte sich im wesentlichen mit dem philosophisch-naturwissenschaftlichen Werk Guerickes. Die Ergebnisse dieser Arbeiten sind in seinem Werk *Otto von Guericke – Philosophisches über den leeren Raum* [51] zusammengefaßt und im Anhang mit ins Deutsche übersetzten Teilen des Hauptwerkes versehen. Die 1973 im Teubner-Verlag erschienene erste Biographie [5] faßte seine Forschungsergebnisse über Guerickes Lebensweg zusammen.

Zum 375. Geburtstag Otto von Guerickes im Jahre 1977 fand die erste große wissenschaftliche Tagung ihm zu Ehren in Magdeburg statt. Dies war Anlaß, mehr als bisher zu tun. 1978 wurde der *Freundeskreis „Otto von Guericke"* auf Anregung der Professoren Karl Manteuffel und Alfons Kauffeldt unter Leitung von Prof. Siegfried Kattanek gegründet (erste Mitglieder: Hans Bekker, Erich Moewes, Walter Strüby, Hans-Werner Schmidt u. a.), der zunehmend die Koordinierung der Guericke-Forschung der DDR in seine Hände nahm.

Die erste große Herausforderung, der 300. Todestag Guerickes 1986, wurde in intensiver Gemeinschaftsarbeit des Freundeskreises, der Technischen Hochschule, der Stadt Magdeburg und deren Industrie und Handwerk attraktiv für das In- und Ausland gestaltet. Im Ergebnis dieser umfangreichen und aufwendigen Ehrung wurde *Magdeburg das Zentrum der Guericke-Forschung in Deutschland*. Durch die uneigennützige Unterstützung der Technischen Hochschule und vieler anderer Institutionen konnte 1987 erstmals in der Geschichte der Stadt Magdeburg eine ständige Guericke-Ausstellung im Kulturhistorischen Museum präsentiert werden, die noch heute großen Anklang bei den Besuchern findet und ein fester Bestandteil der Museumslandschaft der Stadt geworden ist und auch bleiben sollte. Wissenschaftshistorischer Höhepunkt war eine mehrtägige Tagung, die Wissenschaftshistoriker über die Region hinaus vereinte. Die Publikationen der Referate dieser wissenschaftlichen Tagung [44] sind so gefragt, daß Anforderungen noch heute eingehen. Das machte Mut, eine Arbeitsgruppe *17. Jahrhundert* ins Leben zu rufen, die spontan von jungen Wissenschaftshistorikern der Hochschulen und Universitäten zu Berlin, Leipzig, Dresden und Magdeburg unter Leitung von Dr. Ditmar Schneider gebildet wurde. Aus Mangel an Förderung stellte die Gruppe ihre Arbeit nach drei gut gelungenen Arbeitstreffen zwei Jahre später (1988) wieder ein.

Mit der Öffnung der Grenzen 1989 stiegen die internationalen Anforderungen. Das dokumentierte sich in einer ganztägigen Guericke-Tagung in Zaandam, Niederlande, am 24. und 25. Mai 1991 mit Vorträgen zu Otto von Guericke, dem ersten von Magdeburgern nachgestellten Halbkugelversuch außerhalb der deutschen Grenzen und der Uraufführung des heute schon weltweit vertriebenen Videos *Otto von Guericke und seine Experimente* des Audiovisuellen Zentrums der Technischen Universität. Es schlossen sich die große Guericke-Ausstellung zum 700. Jahrestag der Eidgenossenschaft in Zürich (1991) und die zweite Teilnahme von Guericke-Exponaten nach 1881 (Paris) an einer Weltausstellung an, nämlich der EXPO 1992 in Sevillia, jeweils auch mit zwei Halbkugelversuchen.

Diese internationale Aufmerksamkeit veranlaßte die Technische Universität „Otto von Guericke", mit dem 1. Januar 1991 die *erste hauptamtliche Guericke-Forschungsstelle* in der Geschichte der Stadt Magdeburg mit dem Kustos der Technischen Universität, Dr. Ditmar Schneider, einzurichten. In der Folge wurden die Forschungsarbeiten forciert. Die *Monumenta Guerickiana* konnten erstmals ab Heft 8/1990 in der *Wissenschaftlichen Zeitschrift der Technischen Universität „Otto von Guericke" Magdeburg* kontinuierlich erscheinen. Sie entwickelten sich zum Fachorgan der Guericke-Forschung, und zwar über Deutschlands Grenzen hinaus. Das bisher sporadisch entstandene Gue-

ricke-Archiv wurde begründet, wesentlich erweitert und bildete nunmehr eine gediegene Grundlage für weitere Forschungsarbeiten. Mit dem 30. September 1993 wurde diese Arbeit eingestellt, so daß wieder Handlungsbedarf bezüglich einer hauptamtlichen Guericke-Forschung für die Stadt Magdeburg und das Land Sachsen-Anhalt entstanden ist.
Durch die Gründung der internationalen *Otto-von-Guericke-Gesellschaft* am 29. November 1991 (erster Vorstand: Siegfried Kattanek, Gudrun Ratzel, Ditmar Schneider, Stephen Gerhard Stehli, Manfred Tröger) konnte der errungene Stand weiter gefestigt werden. Wissenschaftshistoriker Europas, die sich mit der Vakuumgeschichte befassen, sind in ihr vereint. Neue Anforderungen an die Otto-von-Guericke-Gesellschaft sind gestellt. Viele Werbeveranstaltungen des Wirtschaftsministeriums für den Wirtschaftsstandort und die touristischen Zentren des Landes Sachsen-Anhalt wurden und werden unterstützt. Der Versuch mit den Magdeburger Halbkugeln fand auf zentralen Plätzen von München, Hannover, Bonn, Frankfurt a. M., Turin und Brüssel statt. Auf der weltgrößten Messe für chemischen Apparatebau, Chemische Technik und Biotechnologie, der ACHEMA 1994 in Frankfurt a. M., stellte unsere Gesellschaft sehr erfolgreich Guericke-Geräte aus und zeigte den Halbkugelversuch vor ca. 2 000 Ausstellern und Messebesuchern. Im Jahre 1994 erschien ebenfalls die erste vollständige englische Übersetzung des Hauptwerkes Otto von Guerickes.

Erster Halbkugelversuch außerhalb Deutschlands, Zaandam, Niederlande 1991 [19]

Damit ist es nunmehr im englischsprachigen Raum möglich, ohne Latein- oder Deutschkenntnisse Guerickes Werk in vollem Umfang studieren und diskutieren zu können.

Diesen gegenwärtig festen Platz in der Wissenschaftsgeschichtsschreibung zu erkämpfen, war schwer. Ihn zu halten, bedarf es weiterer Anstrengungen des Bundes, des Landes, der Stadt, der Universität und der Otto-von-Guericke-Gesellschaft, welche die Koordinierung dieser Aufgabe übernommen hat. Ziel ist es, ein internationales Zentrum der Guericke-Forschung in Magdeburg aufzubauen, um somit eine würdige, etappenweise Vorbereitung seines 400. Geburtstages im Jahre 2002 und des Stadtjubiläums im Jahre 2005 zu gewährleisten.

Quellenverzeichnis

[1] Ditmar Schneider: *Otto von Guericke*. Biographische Skizze anhand überlieferter Quellen. In: Reihe Akzente der Arbeitsgemeinschaft industrieller Forschungsvereinigungen „Otto von Guericke" e.V., Köln 1992.

[2] Friedrich Dies: *Otto von Guericke und sein Verdienst*. Magdeburg 1862.

[3] Friedrich Wilhelm Hoffmann: *Otto von Guericke, Bürgermeister der Stadt Magdeburg*. Ein Lebensbild aus der deutschen Geschichte des siebzehnten Jahrhunderts. Herausgegeben von Julius Otto Opel, Magdeburg 1874.

[4] Hans Schimank: *Otto von Guericke, Bürgermeister von Magdeburg. Ein deutscher Staatsmann, Denker und Forscher*. In: Magdeburger Kultur- und Wirtschaftsleben Nr. 6, Magdeburg o. J. (1936).

[5] Alfons Kauffeldt: *Otto von Guericke*. In: Biographien hervorragender Naturwissenschaftler, Techniker und Mediziner, Band 11, Leipzig 1975.

[6] Fritz Krafft: *Otto von Guericke*. In: Erträge der Forschung, Band 87, Darmstadt 1978.

[7] Walter Strüby: *Die Suche nach dem Grab Otto von Guerickes*. In: Wissenschaftliche Zeitschrift der Technischen Hochschule „Otto von Guericke" Magdeburg 30 (1986) Heft 1/2, S. 87 - 98.

[8] Erich Moewes: *Das Guerickesche Wettermännchen oder Anemoskop*. Monumenta Guerickiana (7). In: Wissenschaftliche Zeitschrift der Technischen Universität „Otto von Guericke" Magdeburg 35 (1991) Heft 6, S. 102 - 111.

[9] Friedrich Wilhelm Hoffmann: *Geschichte der Stadt Magdeburg*. Zweiter Band, Neue Ausgabe, Magdeburg 1871.

[10] M. D.: *Otto von Guerickes Selbstbiographie*. In: Blätter für Handel, Gewerbe und sociales Leben (Beiblatt zur Magdeburgischen Zeitung), Nr. 47, Montag, den 24. November 1890, S. 369 - 370 und Nr. 48, Montag den 1. Dezember 1890, S. 377 - 378.

[11] Stadtarchiv Magdeburg.

[12] *Otto von Guerickes Neue (sogenannte) Magdeburger Versuche über den Leeren Raum*. Nebst Briefen, Urkunden und anderen Zeugnissen seiner Lebens- und Schaffensgeschichte. Übersetzt und herausgegeben von Hans Schimank unter Mitarbeit von Hans Gossen, Gregor Maurach und Fritz Krafft. Düsseldorf 1968.

[13] *Trost=Schrifft Und sonderbahres hochschuldiges Ehren=Gedächtniß Wegen sehl. Absterben Des Hoch Edelgebohrnen/ Gestrengen und Vesten Herrn/ Herrn Otto von Guericken* ... Hamburg 1686 (Staatsarchiv Hamburg).

[14] *Lebens Schule ... Der WolEdlen/ HochEhr und Tugendreichen Matronen, Fr. Annen/ gebohrnen von Zweydorff* ... . Magdeburg 1667 (NSUB Göttingen).

[15] *Christliche Leich Predigt ... Deß ... GroßAchtbahren/ Hochgelahrten und Hochweisen Herrn Georgii Schmides* ... Magdeburg o. J. (1640, NSUB Göttingen).

[16] Friedrich Wilhelm Hoffmann: *Geschichte der Stadt Magdeburg*. Dritter Band, Neue Ausgabe, Magdeburg 1871.

[17] Siegfried Hoyer u. a.: *Alma mater lipsiensis, Geschichte der Karl-Marx-Univer-sität Leipzig*. Leipzig 1984.

[18] Siegfried Schmidt u. a.: *Alma mater Jenensis. Geschichte der Universität Jena*. Weimar 1983.

[19] Guericke-Archiv Magdeburg.

[20] Johst Amman: *Eygentliche Beschreibung Aller Stände auff Erden ...* Frankfurt am Main 1618.

[21] *Christliche LeichPredigt ... Deß Weilandt WohlEhrnvesten/ GroßAchtbaren/ Hochgelahrten/ und Hochweisen Herrn Christophori Schultzen ...* Magdeburgk 1643 (NSUB Göttingen).

[22] *Bey Volckreicher und ansehnlicher Leich=Begängniß Des Weyland Wohl= Ehrenvesten/ Groß=Achtbarn und Kunst=erfahrnen Herrn Andreae Rudolphs/ Gewesenen Fürst. Sächs. Bau=Meisters ... Jena 1680* (NSUB Göttingen).

[23] *Album Studiosorum Academiæ Lugduno Batavæ*. Hagæ, Comitum 1875.

[24] Harry A. M. Snelders: *Die Naturwissenschaften in den Niederlanden in der er-sten Hälfte des 17. Jahrhunderts*. In: Monumenta Guerickiana (16), Magdeburg 1992.

[25] *Außführliche Wolgegründete Deduction Eines E. Raths und gemeiner Stadt Magdeburg ... Zu Magdeburgk, Anno 1631.*

[26] *Christliche LeichPredigt ... Der Weylandt Edlen/ VielEhrenTugentreichen Frawen/ Margarethae Alemannin, Herrn Otto Geriken ... HaußFrawen ....* Mag-deburg 1645 (NSUB Göttingen).

[27] Günter Eiz u. a.: *Magdeburg als preußische Festung um 1750*. Magdeburg o. J. (1989).

[28] *300 Jahre Magdeburger Rathaus 1691 - 1991*. Magdeburg 1991.

[29] Herbert Langer: *Hortus Bellicus. Der Dreissigjährige Krieg eine Kulturgeschichte*. 4. Auflage, Leipzig 1985.

[30] Otto von Guericke: *Geschichte der Belagerung, Eroberung und Zerstörung Magdeburg's*. Aus der Handschrift zum Erstenmale veröffentlicht von Friedrich Wilhelm Hoffmann. Zweite unveränderte Auflage. Magdeburg 1887.

[31] C. V. Wedgwood: *Der 30jährige Krieg*. München 1990, S. 250 - 254.

[32] Siegmund A. Wolf: *Magdeburgs Belagerung und Zerstörung 1631*. Manuskript, Magdeburg o. J. (nach 1945) (Universitätsbibliothek Magdeburg).

[33] Ingelore Buchholz u. a.: *Magdeburger Bürgermeister*. Magdeburg o. J. (1992).

[34] *Christ=Adeliches Ehren=Gedächtniß und Lebens=Lauff des Weyland Wohl-gebohrnen Herrn/ Herrn Otto von Guericken/ I. Königl. M. in Preussen Hochbe-treauten Geheimbten Raths und im Nieder=Sächsischen Cräyse verordneten Residenten ....* Hamburg 1704 (Staatsarchiv Hamburg).

[35] *Otto von Guericke 1602/1952*. Festschrift zum Gedächtnisjahr 1952. Magde-burg 1952.

[36] Karl Janicke: *Briefe Otto Gericke's an den schwedischen Geheimen Hof- und Kriegsrath Alexander Erskine.* In: Geschichtsblätter für Stadt und Land Magdeburg 21 (1886), S. 283 - 295.

[37] G. Weigel: *Abbildung der gemeinnützigen Hauptstände.* Regensburg 1698.

[38] *Bey der ... Beerdigung/ Des Weyland Wohl=Edlen/ Vesten/ Hochweisen und Hochbenahmten Herrn/ Herrn Stephan Lentkens ...* Magdeburg 1685.

[39] Siegfried Kattanek: *Otto von Guericke zum 300. Todestag.* In: Magdeburger Blätter, Jahresschrift für Heimat- und Kulturgeschichte im Bezirk Magdeburg 1986, S. 15 - 24.

[40] Melchior Cornaeus: *Curriculum Philosophia ...* Würzburg 1657.

[41] Jerzy Cygan: *Valerian Magni - Lebensdaten, Werke, Sendung.* In: Monumenta Guerickiana (18), Magdeburg 1992, S. 30 - 38.

[42] *Der WolEdlen und HochEhrentugendreichen Frauen/ Frauen Catharinen Dorotheen/ gebohrnen Bunssouin/ Des WolEhrwürdigen Edlen und Vesten Herrn Otto Geriken ... HaußEhren ...* Magdeburg 1660 (NSUB Göttingen).

[43] Ditmar Schneider: *Otto von Guericke.* In: Beiträge zur Wissenschaftsgeschichte, Naturwissenschaftliche Revolution im 17. Jahrhundert, Berlin 1989.

[44] *Otto-von-Guericke-Ehrung in der DDR. Magdeburg 1986.* In: Wissenschaftliche Zeitschrift der Technischen Hochschule „Otto von Guericke" Magdeburg 30 (1986) Heft 1/2.

[45] Robert Boyle: *Neue physiko-mechanische Experimente, die Elastizität der Luft und ihre Wirkungen betreffend.* Teil 1. Monumenta Guerickiana (1). In: Wissenschaftliche Zeitschrift der Technischen Universität „Otto von Guericke" Magdeburg 34 (1990) Heft 8, S. 75 - 89.

[46] Johann Moller: *Cimbria Literata.* Flensburg 1744. Übersetzung im Guericke-Archiv Magdeburg.

[47] *Höchstschüldiges Ehren=Gedächtnis Wie auch Klag= und Trostschrifft Wegen ... Hintrits Der Weyland Hoch=Edel=gebohrnen Frauen/ Frauen: Hedwig gebohrnen Ulcken/ Des Hoch=Edelgebohrnen Gestrengen und Vesten/ Herrn/ Herrn Otto von Guericken ... Höchstwerthesten und Hertzgeliebtesten Ehe= Liebsten ...* Hamburg o. J. (1687, Staatsarchiv Hamburg).

[48] *Des Herrn de Monconys ungemeine und sehr curieuse Beschreibung Seiner In Asien und das gelobte Land/ nach Portugall/ Spanien/ Italien/ in Engelland/ die Niederlande und Teutschland gethanen Reisen/ Worinne Er allerhand artige und nicht gemeine/ so chymische als medicinische mechanische und physicalische Experimenta ... angeführet. Vierdte Abtheilung/ welche desselben Reisen in Teutschland und in Italien in sich begreiffet ...* Leipzig und Augspurg 1697, S.698 - 703.

[49] *Ottonis de Guericke Experimenta Nova (ut vocantur) Magdeburgica De Vacuo Spatio.* Amstelodami 1672.

[50] *Otto Gericke an Friedrich Wilhelm, Kurfürst von Brandenburg vom 2. August 1664, Brief-Nr. 148/ 1.* Monumenta Guerickiana (4). In: Wissenschaftliche Zeitschrift der Technischen Universität „Otto von Guericke" Magdeburg 35 (1991) Heft 3, S. 103 - 106.

[51] Alfons Kauffeldt: *Otto von Guericke - Philosophisches über den leeren Raum.* Berlin 1968.

[52] *Otto von Guericke an Friedrich Wilhelm, Kurfürst von Brandenburg vom 15. April 1672, Brief-Nr. 223 und 223/ 1.* Monumenta Guerickiana (5). In: Wissenschaftliche Zeitschrift der Technischen Universität „Otto von Guericke" Magdeburg 35 (1991) Heft 4, S. 111 - 116.

[53] Otto von Guericke: *Neue (sogenannte) Magdeburger Experimente über den leeren Raum (1672), Drittes Buch: Die eigenen Experimente.* Aus dem Lateinischen übersetzt von Alfons Kauffeldt, Bearbeitung durch Siegfried Kattanek und Ditmar Schneider. Leipzig 1986.

[54] Hans Bekker: *Wilhelm Homberg, Schüler Otto von Guerickes und einer der Wegbereiter für seine neuen Erkenntnisse und Experimente.* In: Wissenschaftliche Zeitschrift der Technischen Hochschule „Otto von Guericke" Magdeburg 31 (1987) Heft 1, S. 54 - 64.

[55] *Letztes Ehrengedächtniß/ Des Christlichen Lebens-Wandels/ uhralten Adelichen Herkommens/ und wolseeligen Absterbens Der Weiland WolEdelgebornen/ HochErh= und Tugendreichen Frauen/ Fr: Johanna Ulckin/ geborne de Dobbelerin ...* Hamburg 1680 (Staatsarchiv Hamburg).

[56] Stanislaus Lubienietzki: *Theatrum Cometicum ...* Amsterdam 1668.

[57] Erik Verg: *Das Abenteuer, das Hamburg heißt.* Hamburg 1990.

[58] Nach mündlichen Auskünften von Walter Strüby, Magdeburg.

[59] *Brief Otto von Guerickes jun. vom 14. Mai 1686 an den Kanzler des Herzogtums Mecklenburg und dessen Orderentwurf an den Zöllner in Dömitz.* Monumenta Guerickiana (9). In: Wissenschaftliche Zeitschrift der Technischen Universität „Otto von Guericke" Magdeburg 35 (1991) Heft 8, S. 103 - 107.

[60] Eberhard Werner Happel: *Größte Denkwürdigkeiten der Welt oder Sogenannte Relationes Curiosæ* (Hamburg 1684). Herausgegeben von Uwe Hübner und Jürgen Westphal, Berlin 1990.

[61] Wilhelm Ahrens: *Otto von Guericke in der Walhalla bei Regensburg.* In: Montagsblatt. 65 (1913) S. 61 f.

[62] *Otto von Guericke's Experimenta Nova (ut vocantur) Magdeburgica.* Im Auftrage des Commissares des deutschen Reiches für die Electricitätsausstellung in Paris 1881 neu ediert und mit einem historischen Nachworte versehen von Dr. H. Zerener, Leipzig 1881.

[63] Hans Schimank: *Otto von Guericke - Sein Leben, seine Leistung und seine Wirkung.* Monumenta Guerickiana (20), Magdeburg 1992, S. 45 -57.

[64] Adolf Slaby: *Otto von Guericke.* Festvortrag aus Anlaß der Grundsteinlegung des Deutschen Museums ... in München vom 13.11.1906. München 1906.

Personenverzeichnis

Sachwortverzeichnis